电网企业员工安全等级培训系列教材

第二版

电网调控

国网浙江省电力有限公司培训中心　组编

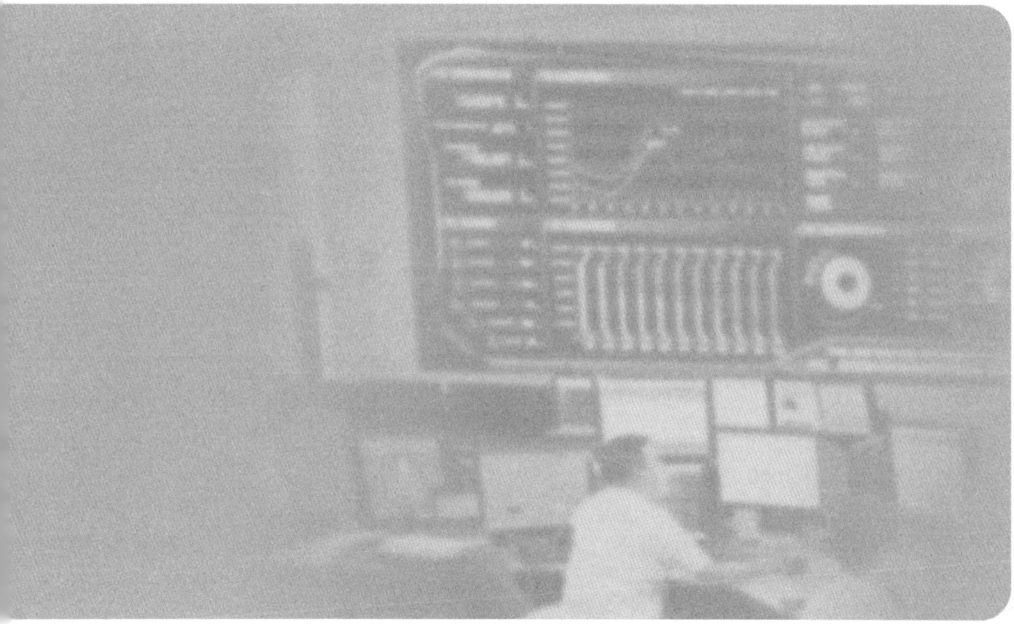

中国电力出版社
CHINA ELECTRIC POWER PRESS

内 容 提 要

本书是“电网企业员工安全等级培训系列教材（第二版）”中的《电网调控》分册，全书共七章，包括电网调控专业的基本安全要求、保证安全的组织措施和技术措施、作业项目安全风险管控、隐患排查治理、生产现场的安全设备设施、典型违章举例与事故案例分析、班组安全管理等内容，附录中给出了单电源配网分支线调度操作票范本和作业现场应急处置方案范例。

本书是电网企业员工安全等级培训电网调控专业的专用教材，可作为电网调控岗位人员安全培训的辅助教材，宜采用《公共安全知识》分册加本专业分册配套使用的形式开展学习培训。

本书可供从事电网调控工作的专业技术人员和新员工安全等级培训使用。

图书在版编目（CIP）数据

电网调控/国网浙江省电力有限公司培训中心组编. —2 版. —北京：中国电力出版社，2023.2（2024.10 重印）
电网企业员工安全等级培训系列教材
ISBN 978-7-5198-5318-1

Ⅰ. ①电… Ⅱ. ①国… Ⅲ. ①电力系统调度–技术培训–教材 Ⅳ. ①TM73

中国国家版本馆 CIP 数据核字（2023）第 018456 号

出版发行：中国电力出版社
地　　址：北京市东城区北京站西街 19 号（邮政编码 100005）
网　　址：http://www.cepp.sgcc.com.cn
责任编辑：王蔓莉
责任校对：黄　蓓　于　维
装帧设计：赵姗姗
责任印制：石　雷

印　　刷：廊坊市文峰档案印务有限公司
版　　次：2016 年 6 月第一版　2023 年 2 月第二版
印　　次：2024 年10月北京第三次印刷
开　　本：710 毫米×1000 毫米　16 开本
印　　张：9.5
字　　数：150 千字
印　　数：1501—2000 册
定　　价：50.00 元

编写委员会

主　任　王凯军

副主任　吴　哲　盛　晔　黄　晓　吴剑凌　顾天雄
王　权　翁舟波

成　员　徐　冲　倪相生　黄文涛　周　辉　王建莉
高　祺　杨　扬　吴志敏　陈　蕾　叶代亮
何成彬　于　军　潘王新　邓益民　黄晓波
黄晓明　金国亮　阮剑飞　魏伟明　汪　滔
季敏剑　吴宏坚　吴　忠　范晓东　贺伟军
王　艇　岑建明　汤亿则　林立波　卢伟军
张国英

本册编写人员

陈于佶　朱郁馨　张　锋　吴一峰　陈益渊　汤建人
王彬任　方伟飞　葛起予　李　丹　莫建国　谢夏慧
叶杰阳　廖瑞丰　王甜甜　倪相生

前 言

为贯彻落实国家安全生产法律法规（特别是新《安全生产法》）和国家电网公司关于安全生产的有关规定，适应安全教育培训工作的新形势和新要求，进一步提高电网企业生产岗位人员的安全技术水平，推进生产岗位人员安全等级培训和认证工作，国网浙江省电力有限公司在 2016 年出版的“电网企业员工安全技术等级培训系列教材”的基础上组织修编，形成“电网企业员工安全等级培训系列教材（第二版）”。

“电网企业员工安全等级培训系列教材（第二版）”包括《公共安全知识》分册和《变电检修》《电气试验》《变电运维》《输电线路》《输电线路带电作业》《继电保护》《电网调控》《自动化》《电力通信》《配电运检》《电力电缆》《配电带电作业》《电力营销》《变电一次安装》《变电二次安装》《线路架设》等专业分册。《公共安全知识》分册内容包括安全生产法律法规知识、安全生产管理知识、现场作业安全、作业工器（机）具知识、通用安全知识五个部分；各专业分册包括相应专业的基本安全要求、保证安全的组织措施和技术措施、作业项目安全风险管控、隐患排查治理、生产现场的安全设施、典型违章举例与事故案例分析、班组安全管理七个部分。

本系列教材为电网企业员工安全等级培训专用教材，也可作为生产岗位人员安全培训辅助教材，宜采用《公共安全知识》分册加专业分册配套使用的形式开展学习培训。

鉴于编者水平所限，不足之处在所难免，敬请读者批评指正。

编 者

2023 年 1 月

目 录

第一章

基本安全要求

第一节 一般安全要求

一、高压设备工作的一般安全要求

（1）运维人员应熟悉电气设备。单独值班人员或运维负责人还应有实际工作经验。

（2）高压设备符合下列条件者，可由单人值班或单人操作：

1）室内高压设备的隔离室设有遮栏，遮栏的高度在1.7m以上，安装牢固并加锁者。

2）室内高压断路器的操动机构用墙或金属板与该断路器隔离或装有远方操动机构者。

（3）换流站不允许单人值班或单人操作。

（4）无论高压设备是否带电，作业人员不得单独移开或越过遮栏进行工作；若有必要移开遮栏时，应有监护人在场，并符合表1–1的安全距离。

表1–1　设备不停电时的安全距离

电压等级（kV）	安全距离（m）	电压等级（kV）	安全距离（m）
10及以下（13.8）	0.70	1000	8.70
20、35	1.00	±50及以下	1.50
66、110	1.50	±400	5.90
220	3.00	±500	6.00
330	4.00	±600	8.40
500	5.00	±800	9.30
750	7.20		

（5）室内母线分段部分、母线交叉部分及部分停电检修易误碰有电设备的，应设有明显标志的永久性隔离挡板（护网）。

（6）待用间隔是指母线连接排、引线已接上母线的备用间隔（包括仅上了母线侧半把隔离开关的非完整间隔）或二次保护及安全稳定控制装置已与运行设备连接的备用间隔。待用间隔应有名称、编号，并列入调度控制中心（调控中心）管辖范围。新建或改建的备用间隔需转为待用间隔时，间隔内连接设备必须安装调试完毕、验收合格后，方能向调控中心提出申请。待用间隔应具有调度双重命名，待用间隔内连接设备应按调度管辖权限分级纳入各级调控中心管理范围。待用间隔的隔离开关操作手柄、网门应加锁。

（7）在手车开关拉出后，应观察隔离挡板是否可靠封闭。封闭式组合电器引出电缆备用孔或母线的终端备用孔应用专用器具封闭。

（8）运行中的高压设备，其中性点接地系统的中性点应视作带电体，在运行中若必须进行中性点接地点断开的工作时，应先建立有效的旁路接地才可进行断开工作。

二、线路作业时变电站和发电厂的安全要求

（1）线路的停、送电均应按照值班调控人员或线路工作许可人的指令执行。严禁约时停、送电。停电时，应先将该线路可能来电的所有断路器、线路隔离开关、母线隔离开关全部拉开，手车开关必须拉至试验或检修位置，验明确无电压后，在线路上所有可能来电的各端装设接地线或合上接地刀闸。在线路断路器和隔离开关操作把手上均应悬挂"禁止合闸，线路有人工作！"的标示牌，在显示屏上断路器和隔离开关的操作处均应设置"禁止合闸，线路有人工作！"的标记。

（2）值班调控人员或线路工作许可人应将线路停电检修的工作班组数目、工作负责人姓名、工作地点和工作任务做好记录。

工作结束时，应得到工作负责人（包括用户）的工作结束报告，确认所有工作班组均已竣工，接地线已拆除，作业人员已全部撤离线路，与记录核对无误并做好记录后，方可下令拆除变电站或发电厂内的安全措施，向线路送电。

（3）当用户管辖的线路要求停电时，应得到用户停送电联系人的书面申请，经批准后方可停电，并做好安全措施。恢复送电，应接到原申请人的工作结束报告，做好录音并记录后方可进行。用户停送电联系人的名单应在调控中心和有关部门备案。

三、带电作业的安全要求

（1）带电作业应在良好天气下进行。如遇雷电（听见雷声、看见闪电）、雪、雹、雨、雾等，禁止进行带电作业。风力大于5级或湿度大于80%时，不宜进行带电作业。

在特殊情况下，必须在恶劣天气进行带电抢修时，应组织有关人员充分讨论并制订必要的安全措施，经本单位批准后方可进行。

（2）带电作业工作票签发人或工作负责人认为有必要时，应组织有经验的人员到现场勘察，根据勘察结果做出能否进行带电作业的判断，并确定作业方法和所需工具以及应采取的措施。

（3）带电作业有下列情况之一者应停用重合闸，并不准强送电，严禁约时停用或恢复重合闸：

1）中性点有效接地的系统中有可能引起单相接地的作业。

2）中性点非有效接地的系统中有可能引起相间短路的作业。

3）工作票签发人或工作负责人认为需要停用重合闸的作业。

（4）带电作业工作负责人在带电作业工作开始前，应与值班调控人员联系。需要停用重合闸的作业和带电断、接引线应由值班调控人员履行许可手续。带电作业结束后应及时向值班调控人员汇报。

（5）在带电作业过程中如设备突然停电，作业人员应视设备仍然带电。工作负责人应尽快与调控人员联系，值班调控人员未与工作负责人取得联系前不得强送电。

四、一般安全要求

（1）任何人进入生产现场（办公室、控制室、值班室和检修班组室除外），应戴安全帽。

（2）工作场所的照明应该保证足够的亮度。在操作盘、重要表计、主要楼梯、通道、调度室、机房、控制室等地点还应设有事故照明。

（3）变、配电站及发电厂遇有电气设备着火时，应立即将有关设备的电源切断，然后进行救火。消防器材的配备、使用、维护，消防通道的配置等应遵守 DL 5027《电力设备典型消防规程》的规定。

（4）电气工具和用具应由专人保管，定期进行检查。

（5）凡在离地面 2m 及以上的地点进行的工作，都应视作高处作业。高处作业应使用安全带（绳），上下传递物件应用绳索拴牢传递，严禁上下抛掷。

（6）在未做好安全措施的情况下，不准登在不坚固的结构上（如彩钢板屋顶）进行工作。

（7）在带电设备周围严禁使用钢卷尺、皮卷尺和线尺（夹有金属丝者）进行测量工作。

第二节　调度控制管理安全要求

一、调度运行管理

1. 调度业务联系的安全要求

值班调控人员在其值班期间是电网运行、操作和事故处理的指挥人，按照规程规定的调度管辖范围行使指挥权，并接受上级调控机构值班调控人员的指挥。

（1）值班调控人员发布的调度指令，下级调控机构、发电厂、运维站（班）及变电站的受令人应复诵并立即执行。如受令人在接到值班调控人员发布的调度指令时或在执行调度指令过程中，认为调度指令不正确，应立即向值班调控人员汇报，由值班调控人员决定该调度指令的执行或撤销。当值班调控人员重复其指令时，受令人原则上应执行。但当执行该指令确将威胁人身、设备或电网安全时，受令人应当拒绝执行，同时将拒绝执行的理由及改正指令内容的建议，报告值班调控人员和本单位主管生产的领导或总工程师。

（2）如有不执行或拖延执行调度指令者，一切后果均由受令人和允许不执行该指令的领导人负责。决不允许无故拒绝执行调度指令，破坏调度纪律，虚报和隐瞒事实真相的现象发生。一经发现，应立即组织调查，将调查结果报请上级有关部门和相应的电力监管机构予以严肃处理。

2. 调度值班管理的安全要求

（1）遵守值班纪律，集中精力做好电网运行监控、调度操作、事故处理等工作。

（2）遵守调度纪律，严格执行上级调度指令。

（3）遵守调度交接班制度、工作监护制度、联系汇报制度等管理制度。

（4）完整、准确记录调度运行情况，及时、正确登记表单执行情况。

（5）遵守安全保卫、消防制度，保持调度室环境整齐、干净。

3. 调控日志管理的安全要求

（1）调控日志是电网运行情况的重要记录，也是调度工作的重要依据，必须保证调控日志记录的准确和完全。调控日志由当值值班调控人员填写，当班主值调控人员对其准确性负责。

（2）调控日志要记清当值所联系的关于电网安全运行、方式变更、操作重要步骤、开机方式、机组开停及检修设备开工、完工情况，电网运行中的异常及缺陷，重要时间和重要对话应原话记录，记录内容包括对方单位名称、联系人姓名、联系时间、对话的主要内容和现场设备的影响程度、原因、状态、要求及当值调控人员处理意见。

（3）为提高调控日志系统自动辨析设备状态改变的正确率，记录时应使用标准调度术语或利用调控日志系统提供的常用调度术语进行选择。时间记录采用 24 小时制。

（4）设备名称采用双重编号，线路及断路器不加电压等级，母线及母差保护加电压等级。

（5）交接班时主值调控人员应对调控日志进行全面检查，检查内容包括记录内容是否准确，当值记录是否完全，所有栏目是否按要求记录清楚，机炉和电网设备状态是否符合现场实际状态，避免错记、漏记。调控日志记录作为交接班的主要内容。

4. 调控运行工作监护的安全要求

（1）电网调控运行应实行工作监护制度，工作监护的目的是使被监护人在工作过程中得到监护人一定的指导和监督，及时纠正一切不安全的行为和错误做法。

（2）全体当值监控人员均要全面掌握电网运行情况及本班工作情况，工作期间要做好交流、沟通，做到信息共享。

（3）当值监控人员（简称监控员）应明确自己的岗位职责和权限范围，不得超越权限联系、许可工作。

（4）严格执行联系汇报制度，一切联系要做到互报单位、姓名，大声复诵。复诵内容包括对方单位、姓名，对方联系内容、联系时间。

（5）计划工作要按照操作指令票进行操作，异常处理及事故处理恢复阶段也要使用口令操作票。

（6）一般情况下，岗位高者为监护人，岗位低者为被监护人，高等级调控人员可以监护低等级调控人员，高等级监控员可以监护低等级监控员。主值调控人员要做好本值人员工作安排，对需要重点监护的工作要明确交待。

（7）由于监控值班工作多、人员少，往往大家同时进行工作联系，监护要有重点，同值人员应做到相互监护。监护和被监护双方均要积极主动。

（8）调控运行监护方式以“请求许可”监护方式为主，即被监护人进行一项超越自己权限或能力所能决定的工作前，应主动向监护人提出并得到许可后方可继续进行。

二、监控运行管理

1. 集中监控的职责

负责监控范围内变电站设备监控信息和状态在线监测告警信息的集中监视，具体包括：

（1）负责监视变电站运行工况。

（2）负责监视变电站设备事故、异常、越限及变位信息。

（3）负责监视输变电设备状态在线监测系统告警信号。

（4）负责监视变电站消防、技防系统告警总信号。

（5）其他需要纳入监控范围内的信号。

2. 集中监控的信息类型

（1）事故信息是指反映各类事故的监控信息，包括全站事故总信息，单元事故总信息，各类保护、安全自动装置动作信息和断路器异常变位信息。

（2）异常信息是指反映电网设备非正常运行状态的监控信息，包括一次设备异常告警信息，二次设备、回路异常告警信息，自动化、通信设备异常告警信息和其他设备异常告警信息。

（3）越限信息是指遥测量越过限值的告警信息。

（4）变位信息是指各类断路器、装置软压板等状态改变信息。

3. 监控信息处置

（1）监控信息处置以分类处置、闭环管理为原则，分为信息收集、实时处置和分析处理 3 个阶段。

（2）值班监控人员（即监控员）通过监控系统发现监控告警信息后，应迅速确认，根据情况对以下相关信息进行收集：

1）告警发生时间。

2）保护动作信息。

3）断路器变位信息。

4）关键断面潮流、频率、电压的变化等信息。

5）监控画面推图信息。

6）现场视频信息（必要时）。

（3）对于监控员无法完成闭环处置的监控信息，应及时协调运检部门和运维单位进行处理，并跟踪处理情况。对监控信息处置情况应每月进行统计，对监控信息处置过程中出现的问题，应及时总结分析，落实改进。

4. 事故信息实时处置

（1）监控员收集到事故信息后，按照有关规定及时向相关调度汇报，并通知运维单位检查。

（2）运维单位在接到监控员通知后应迅速组织现场检查，检查结果及时向相关值班调控人员和监控员汇报。

（3）事故信息处置过程中，监控员应按照调度指令进行事故处理，并监视相关变电站运行工况，跟踪了解事故处理情况。

（4）事故信息处置结束后，现场运维人员应检查现场设备运行状态，并与监控员核对设备运行状态与监控系统是否一致。监控员应对事故发生、处理和联系情况进行记录，并根据《调控机构设备监控运行分析管理规定》填写事故信息专项分析报告。

5. 异常信息实时处置

（1）监控员收集到异常信息后，应进行初步判断，通知运维单位检查处理，必要时汇报相关调度。

（2）运维单位在接到通知后应及时组织现场检查，并向监控员汇报现场检查结果及异常处理措施。如异常处理涉及电网运行方式改变，运维单位应直接向相关调度汇报，同时告知监控员。

（3）异常信息处置结束后，监控员应确认异常信息已复归，并做好异常信息处置的相关记录。

6. 越限信息实时处置

（1）监控员收集到输变电设备越限信息后，应汇报相关调度，并根据情况通知运维单位进行检查处理。

（2）监控员收集到变电站母线电压越限信息后，应根据有关规定，按照相关调度颁布的电压曲线及控制范围，投切电容器、电抗器，调节变压器有载分接开关，如无法将电压调整至控制范围内时，应及时汇报相关调度。

7. 变位信息实时处置

监控员收集到变位信息后，应确认设备变位情况是否正常。如变位信息异常，应根据情况参照事故信息或异常信息进行处置。

8. 告知类监控信息处置

告知类监控信息处置由运维单位负责。

三、运行方式管理

1. 电网频率调度管理的安全要求

（1）正常运行频率保持在 50Hz 运行，其偏差不得超过±0.2Hz。当省级部分电网与区域电网解列运行，孤立运行电网容量为 3000MW 以下时，其频率偏差不得超过±0.5Hz，容量为 3000MW 及以上时其频率偏差不得超过±0.2Hz。

（2）为了保证电网频率正常，在编制电网及各发电厂预调度出力计划时，应按区域电网要求留有必要的运行备用容量和低谷压减出力的裕度。

（3）为加速事故处理，防止电网频率崩溃，电网应装设足够数量的自动低频减负荷装置。

（4）自动低频减负荷装置所控制的负荷应能被有效切除。当自动低频减负荷装置所控制的线路检修或装置因故停运时，应采取措施保持自动低频减负荷装置有效切除的负荷总量不减。

（5）若受端系统解列后由于功率缺额过大，小系统频率迅速下降，伴随电压急剧下降的同时，可能造成低频继电器拒动。对此，必要时可在该地区加装低电压减负荷装置。

2. 电网电压调度管理的安全要求

（1）为满足电网各级电压质量要求和无功功率合理分布，确保电网安全经济运行，省级电网各级运行电压的调整和监视由各级调度按调度管理范围分工负责。

（2）各级调度对所辖调度范围内的电网运行电压实行统一管理。

（3）省调编制的季度电压曲线应包含电压规定值、允许偏差范围和电压控制值，并报送网调。各地调负责编制所属调度范围内电压控制点和监视点每季度的电压曲线，并报送省调。

（4）各监视点的值班运维人员也应经常监视有关母线的运行电压，当运行电压超出规定范围时，应立即报告值班调控人员处理。

（5）监控员应经常监视和掌握各电压控制点和监视点的运行电压水平，如发现超过电压曲线规定范围时，应按下述原则进行调整：

1）无功就地平衡原则，首先就地调整发电机无功出力，必要时投切变电站电容器、低压电抗器组，启动备用机组。

2）调整带有载分接头主变压器的分接头位置。

3）在确保电网安全和稳定运行的前提下，在母线电压允许范围内适当提高或降低送电端母线运行电压。

4）调整电网接线方式，改变潮流分布。

（6）当系统监控点电压高于额定电压的10%及以上时，值班调控人员可以采取调整电网潮流、改变网络接线、机组浅度进相、通知停用变电站电容器、用户电容器、投入低压电抗器等措施，尽快将电压控制到允许偏差范围以内。

（7）当系统监控点电压低于额定电压的90%及以下时，为尽快使电压恢复至最低允许运行电压以上，值班调控人员可采取有关发电机已批准的过负荷能力（如电网频率允许，亦可采取降低发电机有功、增加无功出力），以及限制有关地区负荷直至发令拉闸限电等措施。

3. 电网安全稳定管理的要求

（1）电网稳定管理按照调度管辖范围分工负责。省调应按照GB 38755—2019《电力系统安全稳定导则》的要求，对本省220kV电网的稳定性进行全面分析、计算，并编制管辖范围内正常运行方式、检修运行方式下的稳定运行限额表，及时采取切实可行的安全稳定措施，包括新建项目安全自动装置的配置和实施。地调负责本地区 110kV 及以下电网的稳定管理，对本地区电网进行稳定计算，分析本地区电网存在的问题，提出并落实提高电网稳定运行的具体措施，在计算中加以校核，并对电网继电保护及安全自动装置等提出要求。

（2）为确保电网的安全稳定运行，上级调度可对下级电网的稳定限额、运行方式、继电保护、稳定措施等提出要求，下级电网应遵照实施。

（3）电网静态、暂态和动态稳定的计算准则，按《电力系统安全稳定导则》《电力系统安全稳定计算规范》《国家电网公司电网安全稳定管理工作规定》和区域电网公司制定的《电网安全稳定计算管理规定》执行。

（4）在任何情况下电网运行应保持《电力系统安全稳定导则》规定的静态稳定储备，严禁超静态稳定极限运行。

（5）为保持电网稳定运行，防止电网瓦解和大面积停电，线路的自动重合闸、振荡解列、低频低压减负荷装置、机组失磁保护、自动电压调整装置和强行励磁、电力系统稳定器、低频解列、低频自启动、自动切机、快控、快速调相改发电等安全自动装置，未经值班调控人员同意，不允许退出运行和停用。

4. 安全自动装置管理

（1）当电力系统无法满足《电力系统安全稳定导则》规定的安全稳定标准，在正常运行方式和经常出现的检修方式下存在较严重的安全稳定隐患，或者对相关电能质量指标必须进行有效控制时，应装设安全自动装置。

（2）安全自动装置的调度关系原则上与一次设备一致，也可根据上级调度要求，由上级调度管辖。

（3）安全稳定自动装置的跳闸、信号、停用状态的改变由装置运行单位向所辖调控机构申报状态改变申请单，并由所辖调控机构调控人员发令操作。安全稳定自动装置运行单位要对装置的运行状态变化做好详细记录。

（4）运行单位应对安全稳定自动装置进行日常检查巡视。当装置出现缺陷或动作时，运行单位应及时汇报装置所辖调控机构值班调控人员，并填写缺陷及动作报表。

5. 新设备启动管理

（1）新设备投产启动前必须具备的条件：

1）发电厂和直接调度用户已取得有关政府部门颁发的法定许可证，满足国家、行业和本电网的技术标准和管理规范，具备并网运行技术条件，涉网设备应经调度机构验收合格。

2）已签订《并网调度协议》。

3）设备竣工验收结束，质量符合安全运行要求。

4）设备载流能力已经运检部门核定，并提交正式材料。

5）设备参数测量完毕（除需在启动过程中测试者外）。

6）生产准备工作就绪，运维人员考试合格，规程、制度、图纸齐全。

7）现场新设备已命名，调度关系明确，标记明显。

8）已按投产要求完成电网继电保护和安全自动装置的配置及整定值调整，涉网保护整定单已报调度机构备案。

9）调度通信已开通，且具备两路独立的通道。

10）厂站已按要求完成与各级调度的调度数据网和调度自动化系统的联调和信息核对。

11）电能计量关口已经有关部门确定，计量装置齐全、校验合格。

12）启动范围内的全部设备具备启动条件，并正式向有关调度汇报，启动前设备状态已按调度启动方案调整完毕。

（2）调度有权拒绝接线、保护不全或缺少重要调度自动化信息，对电网安全构成潜在威胁的新设备投产启动。

（3）新设备未经申请批准或虽经申请批准但未得到各级值班调控人员的指令，不得自行将新设备投入电网运行。

（4）新设备投入电网运行前，有关调度应做好下列工作：

1）在调度自动化系统、电量采集系统等自动化系统中生成包含新设备的数据库、参数和画面。

2）确定运行方式，修订运行管理规定。

3）调整继电保护和自动装置定值。

4）确定调度通信、自动化设备调试方案。

5）修改参数资料。

6）新设备投入运行前，各级调度有关人员应熟悉现场设备及现场运行规程、运行方式说明，并做好电网事故预想。

7）对新接入电网的发电厂或变电站应互报值班人员名单。

四、倒闸操作管理

1. 一般原则

（1）所辖电网内的倒闸操作，应根据调度范围划分，实行分级管理。

（2）属调度管辖范围内的设备，未经值班调控人员的指令，下级调控机构和各发电厂、变电站的值班人员不得自行操作或自行指令操作，但对人员或设备安全有威胁者和经调度核准的现场规程规定者除外（上述未得到指令进行的操作，应在操作后立即报告值班调控人员）。

（3）值班调控人员发布的操作指令（或预发操作任务）一律由可以接受调度指令的人员接令，非上述人员不得接受值班调控人员的指令，值班调控人员也不得将调度指令（不论是正令还是预发操作任务）发给不可以接受调度指令的人员。下级调控机构、运维站（班）正值及以上人员，发电厂运行值长、机组长（或单元长）和电气班长是可以接收调度指令的人员。

（4）在决定倒闸操作前，值班调控人员应充分考虑对电网运行方式、潮流、频率、电压、电网稳定、继电保护和安全自动装置、电网中性点接地方式、雷季运行方式、载波通信等方面的影响。

（5）值班调控人员在进行倒闸操作时，应互报单位、姓名，严格遵守发令、复诵、录音、监护、记录等制度，并使用调度控制管理规程所规定的统一调度术语和操作术语及电网主要设备名称、统一编号等。倒闸操作联系时应使用包括变电站名称、设备名称、统一编号的三重命名。

（6）调控人员发布操作指令时，应同时发出“发令时间”。接令人接受操作指令后应复诵一遍，调控人员应复核无误。“发令时间”是值班调控人员正式发布操作指令的依据，接令人没有接到“发令时间”不得进行操作。

（7）汇报人汇报操作结束时，应报“结束时间”，并将执行项目报告一遍，值班调控人员复诵一遍，汇报人应复核无误。“结束时间”应取用汇报人向调度汇报操作执行完毕的汇报时间，它是运行操作执行完毕的根据，值班调控人员只有在收到操作“结束时间”后，该项操作才算执行完毕。

（8）电网中的正常倒闸操作，应尽可能避免在下列时间进行：

1）值班人员交接班时。

2）电网接线极不正常时。

3）电网高峰负荷时。

4）雷雨、大风等恶劣气候时。

5）联络线输送功率超过稳定限额时。

6）电网发生事故时。

7）地区有特殊要求时。

（9）值班调控人员在许可电力设备开始检修和恢复送电时，应遵守Q/GDW 1799.1—2013《国家电网公司电力安全工作规程　变电部分》（以下称《变电安规》）中的有关规定。在任何情况下，严禁约时停送电、约时挂/拆地线和约时开始或结束检修工作（包括带电作业）。

2. 一般安全要求

（1）调控人员进行调度运行操作应严把“五个关”，即申请复核关、填票审核关、发令监护关、许可令核实关和终结完工复查关。

（2）调控人员对工作申请票（包括方式变更通知书）要做到“五查”，即查内容、查时间、查单位、查停电范围、查运行方式（接线、保护、潮流分布等）。

（3）计划工作的操作应拟写正式操作票，不得无票操作。

（4）调控人员拟写操作票要做到“三核对”，即核对工作申请票、核对EMS画面、核对现场设备状态。

（5）操作票填写要严密而明确，文字清晰，术语标准化、规范化，不得涂改、倒项。

（6）进行调度操作时要做到“四不操作”，即操作意图未明白不操作、方式未核对不操作、复诵未听清不操作、操作无监护不操作。

（7）重要联络设备停役前，要使用“调控人员潮流（PAS）”进行计算，并在危险点分析卡中做记录。

（8）操作过程中必须严格贯彻复诵、录音、记录和监护制度。具体要求：

1）调控人员指挥操作时，除采用专用的调度术语外，还应采用复诵制度。

2）调控人员在操作时要彼此通报全名，逐项记录发令时间及操作完上报时间，调控人员在指挥操作过程中必须录音。

3）负责操作的调控人员在整个指挥操作过程中应有另一名有监护权的调控人员负责监护，当发现调控人员下令不正确或混乱时应及时提出纠正。当操作任务全部完成后，监护人还应审查一遍操作票。

（9）按操作票执行的操作必须逐项执行，原则上不允许跳项操作。在操作中更不允许不按操作票而凭经验和记忆进行操作。

（10）操作时应利用调度自动化系统，检查断路器位置及潮流变化，检查操作的正确性，并及时核对、更正设备状态，使其符合实际情况。

（11）当电力系统进行复杂操作时，应做好危险点分析与预控，必须事先对运行方式、继电保护以及操作步骤做周密安排。

3. 监控倒闸操作的一般安全要求

（1）监控员进行监控远方操作应服从相关值班调度员统一指挥。

（2）监控员在接受调度操作指令时应严格执行复诵、录音和记录等制度。

（3）监控员执行的调度操作任务，应由值班调度员将操作指令发至监控员。监控员对调度操作指令有疑问时，应询问值班调度员，核对无误后方可操作。

（4）监控远方操作前应考虑操作过程中的危险点及预控措施。

（5）进行监控远方操作时，监控员应核对相关变电站一次系统图，严格执行模拟预演、唱票、复诵、监护、录音等要求，确保操作正确。

（6）监控远方操作中，若发现电网或现场设备发生事故及异常，影响操作安全时，监控员应立即终止操作并报告值班调度员，必要时通知运维单位。

（7）监控远方操作中，若监控系统发生异常或遥控失灵，监控员应停止操作并汇报值班调度员，同时通知相关专业人员处理。

（8）监控远方操作中，监控员若对操作结果有疑问，应查明情况，必要时应通知运维单位核对设备状态。

（9）监控远方操作完成后，监控员应及时汇报值班调度员，告知运维单位，对已执行的操作票应履行相关手续，并归档保存，做好相关记录。

（10）监控远方操作范围：

1）拉合断路器的单一操作。

2）调节变压器有载分接开关。

3）投切电容器、电抗器。

4）其他允许的遥控操作。

（11）设备遇有下列情况时，不允许进行监控远方操作：

1）设备未通过遥控验收。

2）设备存在缺陷或异常，不允许进行遥控操作时。

3）设备正在进行检修时（遥控验收除外）。

4）监控系统异常，影响设备遥控操作时。

五、事故处理安全管理

事故处理原则和规定如下：

（1）值班调控人员是管辖电网事故处理的指挥者，对事故处理的迅速、正确性负责，在处理事故时应做到以下几点：

1）尽速限制事故的发展，消除事故根源，解除对人身和设备的威胁，防止稳定破坏、电网瓦解和大面积停电。

2）用一切可能的方法保持设备继续运行和不中断或少中断重要用户的正常供电，首先应保证发电厂厂用电及变电站站用电。

3）尽速对已停电的用户恢复供电，对重要用户应优先恢复供电。

4）及时调整电网运行方式，并使其恢复正常运行。

（2）发生重大设备异常及电网事故，值班调控人员在事故处理告一段落后，应将发生的事故情况迅速报告上级领导。

（3）电网事故处理的一般规定：

1）电网发生事故时，事故单位应立即清楚、准确地向值班调控人员报告事故发生的时间、现象、跳闸断路器、运行线路潮流的异常变化、继电保护及安全自动装置动作、人员和设备的损伤以及频率、电压的变化等事故有关情况。

2）事故处理时，应严格执行发令、复诵、汇报和录音制度，应使用统一调度术语和操作术语，指令和汇报内容应简明扼要。

（4）重大或紧急缺陷作为事故类处理，值班调度员有权改变电网的运行方式，必要时可紧急召集相关人员协商处理。

第三节　新能源管理安全要求

一、新能源调度管理

（1）新能源电源是指利用非常规能源进行发电的电源，包括太阳能、生物质能、风能、地热能、海洋能、资源综合利用发电（含煤矿瓦斯发电）等类型。

（2）在确保电网安全稳定运行的前提下，调度机构合理安排电网运行方式，优先调度风电、光伏发电等新能源电源，充分利用可再生能源发电。

（3）具备有功功率、无功功率调节能力的新能源电站应配合调度机构控制其有功功率、无功功率。

（4）新能源电站应配置防孤岛保护。自发自用的新能源电站应具备逆功率解列功能。

（5）新能源电站在紧急状态或故障情况下退出运行或通过安全自动装置切除，以及因频率、电压等系统原因导致机组解列时，不得自行并网，应立即向调度机构汇报，并将机组并网方式改变为手动状态。

（6）在威胁电网安全的紧急情况下，调度机构值班调控员可以采取调整电源（厂）发电出力、对电源（厂）实施解列等必要手段确保和恢复电网安全运行。

二、分布式电源调度管理

（1）分布式电源应服从配网调度机构的统一调度，遵守调度纪律，严格执行调度指令。

（2）10（20）kV 接入的分布式电源应安排有人值班。凡接受调度指令的运行值班人员必须具备相应的资质，应经过相应主管部门的培训与考核，并经主管部门行文确认其上岗资格，方可进行调度业务联系。

（3）35、10（20）kV 接入的分布式电源运行值班人员应参加由配网调度机构组织的调度运行技术培训。

（4）在任何威胁电网安全的紧急情况下，如电网或供电设备发生重大故障、电网频率或电压超过规定范围、设备严重过载时，值班调控员应采取必要手段首先确保配电网安全运行。在紧急情况结束后，值班调控员应向分布式电源运行值班人员说明将分布式电源解列的原因，并许可分布式电源恢复运行。

（5）分布式电源并网线路停电或发生故障时，随时都有来电的可能，此时允许分布式电源运行值班人员拉开进线断路器、隔离开关，确保与电网隔离，避免向电网反送电，并向值班调控员汇报。值班调控员应核实停电线路或故障线路上所有分布式电源确已解列，无反送电可能。

（6）35、10（20）kV 接入的分布式电源应能接受配网调度机构下发的遥控、遥调命令，可根据调度指令控制有功功率、无功功率。

（7）35、10（20）kV 接入的分布式电源开展与电网通信系统有关的设备检修时，如影响到自动化信息采集，应提前向配网调度机构办理检修申请，获得批准后方可进行检修。

（8）分布式电源涉网设备应按照并网调度协议约定纳入配网调度机构调度管理。分布式电源并网点断路器（属用户资产）的倒闸操作，由配网调度机构许可。

（9）35、10（20）kV 接入的分布式电源，站内一次、二次系统设备变更时，分布式电源运维单位应将异动情况及时报送配网调度机构备案。

（10）35、10（20）kV 接入的分布式电源并网调度管理主要包括以下内容：

1）参与接入系统方案审查。

2）参与接入系统初设审查。

3）向业主提供《分布式电源并网调度服务手册》，介绍并网调度流程，提出收资要求。

4）收到业主并网验收和并网调试申请，检查申请资料合格后，下达调度命名，签订并网调度协议，并拟定并网方案。

5）开展继电保护整定、自动化通信联调。

6）现场验收、并网调试。

（11）配网调度机构配合发展、营销部门审查分布式电源接入系统方案和工程设计是否满足配电网安全运行和调度运行要求。重点审查电力平衡和潮流分布、一次接线方式、对公用电网一二次设备影响、涉网继电保护及安全自动装置配置、调度自动化与安全防护等方面内容。

（12）在签订 35、10（20）kV 接入的分布式电源项目并网调度协议前，配网调度机构应检查项目业主是否已按照《分布式电源并网调度服务手册》要求，提供相应的文件资料，并重点检查证明材料中的以下内容：

1）项目电能质量已满足相关标准的要求。

2）项目调度自动化、通信和并网运行信息采集传输已满足相关文件和标准的要求。

3）项目所采用的风电机组、变流器、逆变器、旋转电机和无功补偿装置等设备已通过具有国家资质检测机构的型式检测，检测结果满足 NB/T 32015《分布式电源接入配电网技术规定》要求，并网开断设备满足国家电网公司有关规定。

（13）对 35、10（20）kV 接入的分布式电源项目，配网调度机构配合本单位相关部门参与项目业主举行的并网验收和并网调试有关工作，出具并网验收意见。若验收或调试不合格，提出整改方案。

三、分布式光伏并网要求

GB/T 29319《光伏发电系统接入配电网技术规定》和 GB/T 33593《分布式电源并网技术要求》相关规定要求：

（1）通过 380V 电压等级并网的分布式光伏应具备保证并网点功率因数在 0.95（超前）～0.95（滞后）范围内可调节的能力，通过 10kV 电压等级并网的分布式应具备保证并网点处功率因数在 0.98（超前）～0.98（滞后）范围内连续可调的能力。

（2）380V、10kV 并网分布式光伏均应具备参与电网电压调节的能力，根据并网点电压水平调节无功输出，其调节方式、参考电压和电压调差率等参数由所辖电力调度控制中心设定。

（3）380V、10kV 并网分布式光伏电源均应向所辖电力调度控制中心上送电流、电压、有功功率、无功功率和发电量等信息，可采用无线、光纤、载波等通信方式，并满足电力监控系统安全防护要求。

（4）应严格执行国家和行业相关标准要求，积极推进 380V 和 10kV 并网的分布式光伏实现就地无功电压控制、AVC、AGC、信息上送等功能，采用有线、无线等通信方式，通过纵向加密装置和地调安全接入区接入地调调度自动化系统，从源头上确保分布式光伏具备满足电网需求的无功电压调节能力，保障新型电力系统有源配电网的安全稳定运行和分布式光伏电力消纳。

（5）通过 380V、10kV 电压等级并网的分布式光伏电站，应在并网前向所辖电力调度控制中心提供由具备相应资质的单位出具的设备检测报告。县（区）电力调度控制中心应做好检测报告的审核工作，在确认符合相关并网技术条件和管理要求，经验收合格后方可并网发电。

第四节　应急处理安全要求

一、应急处理一般原则

（1）以人为本，减少危害。在做好企业自身突发事件应对处置的同时，切实履行社会责任，把保障人民群众和电网公司员工的生命财产安全作为首要任务，最大程度减少突发事件及其造成的人员伤亡和各类危害。

（2）居安思危，预防为主。坚持安全第一、预防为主、综合治理的方针，树立常备不懈的观念，增强忧患意识，防患于未然，预防与应急相结合，做好应对突发事件的各项准备工作。

（3）统一指挥，分级负责。落实党中央、国务院的部署，坚持政府主导，在党组的统一指挥下，按照综合协调、分类管理、分级负责、属地管理为主的要求，开展突发事件预防和处置工作。

（4）把握全局，突出重点。牢记企业宗旨，服务社会稳定大局，采取必要手段保证电网安全，通过灵活方式重点保障关系国计民生的重要客户、高危客户及人民群众基本生活用电。

（5）快速反应，协同应对。充分发挥公司集团化优势，建立健全上下联动、区域协作快速响应机制，加强与政府的沟通协作，整合内外部应急资源，协同开展突发事件处置工作。

（6）依靠科技，提高能力。加强突发事件预防、处置科学技术的研究和开发，采用先进的监测预警和应急技术装备，充分发挥公司专家队伍和专业人员的作用，加强宣传和培训，提高员工自救、互救和应对突发事件的综合能力。

二、应急处理一般程序

发生突发事件时，事发单位首先要做好先期处置，立即启动生产安全事故应急救援预案，采取下列一项或者多项应急救援措施，并根据相关规定及时向上级和所在地人民政府及有关部门报告：

（1）迅速控制危险源，组织营救受伤被困人员，采取必要措施防止危害扩大。

（2）调整电网运行方式，合理恢复电网送电。遇有电网瓦解极端情况时，应立即按照电网黑启动方案进行电网恢复。

（3）根据事故危害程度，组织现场人员撤离或者采取可能的应急措施后撤离。

（4）及时通知可能受到影响的单位和人员。

（5）采取必要措施，防止事故危害扩大和次生、衍生灾害发生。

（6）根据需要请求应急救援协调联动单位参加抢险救援，并向参加抢险救援的应急队伍提供相关技术资料、信息、现场处置方案和处置方法。

（7）维护事故现场秩序，保护事故现场和相关证据，对因本单位问题引发的、或主体是本单位人员的社会安全事件，要迅速派出负责人赶赴现场开展劝解、疏导工作。

（8）法律法规、国家有关制度标准、公司相关预案及规章制度规定的其他应急救援措施。

第五节　调度典型操作任务的编制与应用

一、总体要求

（1）调度操作任务是电力系统电气操作的依据。调度管辖范围内设备的电气操作由值班调度员通过操作指令和操作许可两种方式进行：操作指令有综合操作指令和单项操作指令两种形式，操作指令前部不带“许可”一词；操作许可是指调度管辖内厂站设备的电气操作，若只涉及一个单位且对主网运行方式影响不大，由厂站值班人员提出操作要求，值班调度员许可其操作，不再发布操作指令。

（2）设备状态移交：在不降低公司整体生产过程安全性的前提下，以变电站设备处移交状态作为调度部门、现场运维单位的电网操作、安全职责分界面，各司其职，分级管控，减少现场与调度的交互环节与频度，提升“大检修、大运行”体系运作效率。

（3）变电站内设备计划检修、设备缺陷及事故处理的状态变更、新设备投运等，原则上采用“状态移交”方式，实施设备状态移交后，调度管辖范围内不再采用许可制操作模式，但值班调度员仍可以“许可”的形式，许可现场当值根据现场工作、运行要求进行主变压器分接头和中性点接地方式调整、无功补偿装置调整、变电站监控方式变更、变电站设备近远控切换、新投产变电站启动前摆状态、机组出力调整等。

（4）调度部门与现场运维单位进行设备状态移交时，应逐项核对停役申请单所列各设备是否处于“移交状态”，确认是否具备移交条件。一次设备状态移交后，同时移交相应二次设备。

（5）值班调度员在拟写“状态移交”的停复役操作票时，应在确证状态后写入“移交状态”并移交给现场运维单位，后续安全管理、现场操作及工作由现场运维单位自行掌握。

二、术语解释

1. 单元

单元是指单母线、单母线分段或内桥接线（包括非完整内桥接线）变电站某电压等级的某段母线（包括电压互感器、避雷器等）及与之相连的主变压器、母线分段开关、出线开关等。如110kVⅠ单元，指110kVⅠ段母线（包括电压互感器、避雷器等）、1号主变压器、接在Ⅰ段母线上的出线开关、母线分段开关；35kV单元（如××35kV××变），指35kV母线（包括电压互感器、避雷器等），1号、2号主变压器，接在35kV母线上的出线开关。不完整内桥接线母线上有主变压器的，归属单元类；母线上无主变压器的，归属母线类；线变组归属主变压器类。

2. 移交状态

移交状态是指调度部门将变电站设备管辖权移交至现场运维单位时设备所处状态。

（1）母线间隔：移交状态为冷备用状态。

（2）线路间隔：

1）移交状态为开关冷备用、线路冷备用（站内部分）状态，全过程现场不得改变线路冷备用状态。

2）移交状态为开关冷备用、线路检修（站内部分）状态，全过程现场不得改变线路检修状态。

（3）主变压器间隔：移交状态为冷备用状态。

（4）单元：移交状态为备用状态。

（5）单一设备：单一设备包括各类断路器、电容器、电抗器、站用变压器、接地变压器、电压互感器、避雷器等（电容器、电抗器、站用变压器、接地变压器等包含相应断路器），其中电容器、电抗器、站用变压器、接地变压器移交状态为热备用状态（含容抗断路器），若本间隔无热备用状态，则移交状态为冷备用状态，其余单一设备移交状态为冷备用状态。

（6）主变压器中性点隔直装置：移交状态为退出状态。

（7）保护及自动装置：移交状态为信号状态。

3. 工作状态

工作状态是指现场检修工作安全措施所需的设备状态。

4. 设备状态移交

设备状态移交是指调度部门将处“移交状态”的变电站设备移交给现场运维单位，后续安全管理、现场操作及工作由现场运维单位自行掌握执行的一种调度管理模式。即调度部门通过发令完成设备停役至“移交状态”，现场运维人员具备后续“移交状态”到“工作状态”一、二次设备状态变更的发令权限，现场工作许可后，告知调度部门设备“工作状态”。工作完成后，现场运维单位确认待复役设备所有相关工作结束后，自行发令将设备操作至“移交状态”，向调度部门汇报具备复役条件后由调度部门发令进行复役操作。

单电源配网分支线调度操作票范本见附录A。

第二章

保证安全的组织措施和技术措施

第一节　保证安全的组织措施

在电气设备上工作，保证安全的组织措施包括现场勘查制度，工作票制度，工作许可制度，工作监护制度，工作间断、转移和终结制度。

一、现场勘察制度

变电检修（施工）作业，工作票签发人或工作负责人认为有必要现场勘察的，检修（施工）单位应根据工作任务组织现场勘察，并填写现场勘察记录。现场勘察由工作票签发人或工作负责人组织。

二、工作票制度

1. 工作票

（1）在电气设备上的工作，应填用工作票或事故紧急抢修单，其方式有以下 6 种：

1）填用变电站（发电厂）第一种工作票。

2）填用电力电缆第一种工作票。

3）填用变电站（发电厂）第二种工作票。

4）填用电力电缆第二种工作票。

5）填用变电站（发电厂）带电作业工作票。

6）填用变电站（发电厂）事故紧急抢修单。

（2）填用变电第一种工作票的工作为：

1）高压设备上工作需要全部停电或部分停电者。

2）二次系统和照明等回路上的工作，需要将高压设备停电者或做安全措施者。

3）高压电力电缆需停电的工作。

4）换流变压器、直流场设备及阀厅设备需要将高压直流系统或直流滤波器停用者。

5）直流保护装置、通道和控制系统的工作，需要将高压直流系统停用者。

6）换流阀冷却系统、阀厅空调系统、火灾报警系统及图像监视系统等工作，需要将高压直流系统停用者。

7）其他工作需要将高压设备停电或要做安全措施者。

（3）填用变电第二种工作票的工作为：

1）控制盘和低压配电盘、配电箱、电源干线上的工作。

2）二次系统和照明等回路上的工作，无需将高压设备停电者或做安全措施者。

3）转动中的发电机、同期调相机的励磁回路或高压电动机转子电阻回路上的工作。

4）非运维人员用绝缘棒、核相器和电压互感器定相或用钳型电流表测量高压回路的电流。

5）大于表 1-1 距离的相关场所和带电设备外壳上的工作以及无可能触及带电设备导电部分的工作。

6）高压电力电缆不需停电的工作。

7）换流变压器、直流场设备及阀厅设备上工作，无需将直流单、双极或直流滤波器停用者。

8）直流保护控制系统的工作，无需将高压直流系统停用者。

9）换流阀水冷系统、阀厅空调系统、火灾报警系统及图像监视系统等工作，无需将高压直流系统停用者。

（4）填用变电带电作业工作票的工作为：带电作业或与邻近带电设备距离小于表 1-1 规定的工作；与邻近带电设备距离小于表 1-1 规定但大于表 2-1 规定（包括人体、工器具、材料等）的工作（不使用绝缘工具与带电体直接接触的工作）应填用变电带电作业工作票，但并不属于带电作业范畴。

表 2－1　　带电作业时人身与带电体间的安全距离

电压等级（kV）	距离（m）	电压等级（kV）	距离（m）
10	0.4	750	5.2（5.6）③
35	0.6	1000	6.8（6.0）④
66	0.7	±400	3.8⑤
110	1.0	±500	3.4
220	1.8（1.6）①	±660	4.5⑥
330	2.6	±800	6.8
500	3.4（3.2）②		

注　表中数据是根据线路带电作业安全要求提出的。

① 220kV 带电作业安全距离受设备限制达不到 1.8m 时，经单位批准并采取必要的措施后，可采用括号内 1.6m 的数值。

② 海拔 500m 以下，500kV 取值为 3.2m，但不适用于 500kV 紧凑型线路。海拔在 500～1000m 时，500kV 取值为 3.4m。

③ 直线塔边相或中相值。5.2m 为海拔 1000m 以下值，5.6m 为海拔 2000m 以下的距离。

④ 此为单回输电线路数据，括号中数据 6.0m 为边相，6.8m 为中相值。表中数值不包括人体占位间隙，作业中需考虑人体占位间隙不得小于 0.5m。

⑤ ±400kV 数据是按海拔 3000m 校正的，海拔为 3500m、4000m、4500m、5000m、5300m 时最小安全距离依次为 3.9m、4.1m、4.3m、4.4m、4.5m。

⑥ ±660kV 数据是按海拔 500～1000m 校正的，海拔为 1000～1500m、1500～2000m 时最小安全距离依次为 4.7m、5.0m。

（5）填用电力电缆第一种工作票的工作为高压电力电缆需要停电的工作。

（6）填用电力电缆第二种工作票的工作为高压电力电缆不需要停电的工作。

（7）填用变电事故紧急抢修单的工作：

1）电气设备发生故障被迫停止运行，需短时间内恢复的抢修和排除故障的工作，可不使用工作票，但应填用事故紧急抢修单。

2）非连续进行的事故修复工作或 24 小时以内不能完成的事故紧急抢修工作，应转入常规的设备检修流程，转填用变电第一种工作票并履行工作许可手续。

3）未造成线路、电气设备被迫停运的缺陷处理工作不得使用事故紧急抢修单。

4）抢修任务布置人应具备工作票签发人资格，并履行《变电安规》规定的工作票签发人安全责任。

2. 工作票的填写与签发

（1）工作票通过生产管理系统（以下简称系统）填写，原则上不使用手工填写。确因网络中断等特殊情况无法在 PMS 填写时，可以手工填写，但票面应符合《变电安规》规定，事后应在系统中补票。工作票使用 A3 或 A4 纸打印。工作票应实行编号管理。通过局域网传递的工作票，应有系统认证的签名。

（2）工作票用手工填写的，应使用黑色或蓝色的钢（水）笔或圆珠笔填写与签发，一式两份，内容应正确，填写应清楚，不得任意涂改。如有个别错、漏字需要修改，应使用规范的符号，字迹应清楚，但工作票中时间、编号及设备名称、动词（如拉、合、拆、装等）、状态词（如合闸、分闸、热备用、冷备用等）等关键字不得涂改。

（3）用计算机生成或打印的工作票应使用统一的票面格式，由工作票签发人审核无误，手工或电子签名后方可执行。

工作票一份应保存在工作地点，由工作负责人收执；另一份由工作许可人收执，按值移交。工作许可人应将工作票的编号、工作任务、许可及终结时间记入登记簿。

（4）一张工作票中，工作许可人与工作负责人不得互相兼任。若工作票签发人兼任工作许可人或工作负责人，应具备相应的资质，并履行相应的安全责任。

（5）工作票由工作负责人填写，也可以由工作票签发人填写。

（6）工作票由设备运维管理单位签发，也可由经设备运维管理单位审核合格且经批准的检修及基建单位签发。检修及基建单位的工作票签发人、工作负责人名单应事先送有关设备运维管理单位、调度控制中心备案。

（7）承发包工程中，工作票可实行“双签发”形式。签发工作票时，双方工作票签发人在工作票上分别签名，各自承担本部分工作票签发人相应的安全责任。

（8）外来施工单位（指系统外具有资质的施工单位）进入变电站：

1）外来施工单位进入变电站工作，实行工作票“双签发”；工作票由外来施工单位填写，外来施工单位和设备运维管理单位的工作票签发人共同签发。

2）对于无法使用 PMS 系统的外来施工单位，工作票由设备运维管理单位填写；外来施工单位需在工作票填写前提供书面依据，并在工作票签发时手工在签发人栏签名。

3）外来施工单位签发人对所派工作负责人、工作班成员是否恰当和充足负责；设备运维管理单位签发人对工作必要性和安全性、工作票上所填安全措施是否正确完备负责。

4）涉及运用中一、二次设备的拆、搭接工作，应由设备运维管理单位签发工作票并担任工作负责人，但涉及停电的一次设备拆、搭接工作可由外来施工单位担任工作负责人。

（9）第一种工作票所列工作地点超过两个，或有两个及以上不同的工作单位（班组）在一起工作时，可采用总工作票和分工作票。总、分工作票应由同一个工作票签发人签发。总工作票上所列的安全措施应包括所有分工作票上所列的安全措施。几个班同时进行工作时，总工作票的工作班成员栏内，只填明各分工作票的负责人，不必填写全部工作班人员姓名。分工作票上要填写工作班人员姓名。

总、分工作票在格式上与第一种工作票一致。

分工作票应一式两份，由总工作票负责人和分工作票负责人分别收执。分工作票的许可和终结，由分工作票负责人与总工作票负责人办理。分工作票应在总工作票许可后才可许可；总工作票应在所有分工作票终结后才可终结。

（10）变电带电作业工作票应由具有带电作业资格的工作负责人或工作票签发人填写，工作票签发人审核签发。工作票中应写明带电设备的电压等级和带电设备的具体名称。注意事项（安全措施）由工作票签发人（或工作负责人）根据作业设备的电压等级、范围、地点等情况填写相应的安全技术措施及注意事项，如停用重合闸、与相邻设备的安全距离等。

3. 工作票的使用

（1）一个工作负责人不能同时执行多张工作票，工作票上所列的工作地点，以一个电气连接部分为限。

所谓一个电气连接部分是指电气装置中，可以用隔离开关同其他电气装置分开的部分。

直流双极停用，换流变压器及所有高压直流设备均可视为一个电气连接部分。

直流单极运行，停用极的换流变压器，阀厅，直流场设备、水冷系统可视为一个电气连接部分。双极公共区域为运行设备。

（2）一张工作票上所列的检修设备应同时停、送电，开工前工作票内的全部安全措施应一次完成。若至预定时间，一部分工作尚未完成，需继续工作而不妨碍送电者，在送电前应按照送电后现场设备带电情况，办理新的工作票，布置好安全措施、重新履行许可手续后，方可继续工作。

（3）若以下设备同时停、送电，可使用同一张工作票：

1）属于同一电压等级、位于同一平面场所，工作中不会触及带电导体的几个电气连接部分。在户外电气设备检修时，使用同一张工作票应满足同一段母线、位于同一平面场所、同时停送电，且是连续排列的多个间隔同时停电检修。在户内电气设备检修时，使用同一张工作票应满足同一电压、位于同一平面场所、同时停送电，且检修设备为有网门隔离或封闭式开关柜等结构，防误闭锁装置完善的多个间隔同时停电检修。某段母线停电，与该母线相连的位于同一平面场所、同时停送电的多个间隔停电检修可使用同一张工作票。

2）一台主变压器停电检修，其各侧断路器也配合检修，且同时停送电。

3）变电站全停集中检修。

（4）同一变电站内在几个电气连接部分上依次进行不停电的同一类型的工作，可以使用一张第二种工作票。

（5）在同一变电站内，依次进行的同一类型的带电作业可以使用一张带电作业工作票。

（6）持线路或电缆工作票进入变电站或发电厂升压站进行架空线路、电缆等工作，应增填工作票份数，由变电站或发电厂工作许可人许可，并留存。

（7）线路工作如果需要变电设备停役或做安全措施（悬挂标示牌、装设临时围栏除外），应使用变电工作票，工作负责人可由线路工作具备资质的人员担任。上述单位的工作票签发人和工作负责人名单应事先送有关运维单位备案。

（8）需要变更工作班成员时，应经工作负责人同意，在对新的作业人员进行安全交底手续后，方可进行工作。非特殊情况不得变更工作负责人，如确需变更工作负责人，应由工作票签发人同意并通知工作许可人，工作许可人将变动情况记录在工作票上。工作负责人允许变更一次。原、现工作负责人应对工作任务和安全措施进行交接。

（9）在原工作票的停电及安全措施范围内增加工作任务时，应由工作负责人征得工作票签发人和工作许可人同意，并在工作票上增填工作项目。若需变更或增设安全措施者应填用新的工作票，并重新履行签发许可手续。

（10）变更工作负责人或增加工作任务时，如工作票签发人和工作许可人无法当面办理，应通过电话联系，并在工作票登记簿和工作票上注明。

（11）第一种工作票应在工作前一日送达运维人员，可直接送达或通过传真、局域网传送，但传真传送的工作票许可应待正式工作票到达后履行。临时工作可在工作开始前直接交给工作许可人。第二种工作票和带电作业工作票可在进行工作的当天预先交给工作许可人。

（12）工作票有破损不能继续使用时，应补填新的工作票，并重新履行签发许可手续。

4. 工作票的有效期与延期

（1）第一、二种工作票和带电作业工作票的有效时间，以批准的检修时间为限。

（2）第一、二种工作票需办理延期手续时，应在工期尚未结束以前由工作负责人向运维负责人提出申请（属于调控机构管辖、许可的检修设备，还应通过值班调控人员批准），由运维负责人通知工作许可人给予办理。第一、二种工作票只能延期一次。带电作业工作票不准延期。

5. 工作票所列人员的基本条件

（1）工作票的签发人应是熟悉人员技术水平、熟悉设备情况、熟悉《变电安规》，并具有相关工作经验的生产领导人、技术人员或经本单位批准的人员。工作票签发人员名单应书面公布。

（2）工作负责人（监护人）应是具有相关工作经验，熟悉设备情况和《变电安规》，经专业室（车间）批准的人员。工作负责人还应熟悉工作班成员的工作能力。

（3）工作许可人应是经专业室（车间）批准的有一定工作经验的运维人员或检修操作人员（进行该工作任务操作及做安全措施的人员）；用户变电站、配电站的工作许可人应是持有效证书的高压电气工作人员。

（4）专责监护人应是具有相关工作经验，熟悉设备情况和《变电安规》的人员。

6. 工作票所列人员的安全责任

（1）工作票签发人：

1）确认工作必要性和安全性。

2）确认工作票上所填安全措施是否正确完备。

3）确认所派工作负责人和工作班人员是否适当和充足。

（2）工作负责人（监护人）：

1）正确组织工作。

2）检查工作票所列安全措施是否正确完备，是否符合现场实际条件，必要时予以补充完善。

3）工作前，对工作班成员进行工作任务、安全措施、技术措施交底和危险点告知，确认每个工作班成员都已知晓并签名。

4）严格执行工作票所列安全措施。

5）监督工作班成员遵守《变电安规》，正确使用劳动防护用品和安全工器具，正确执行现场安全措施。

6）关注工作班成员身体状况和精神状态是否正常，人员变动是否合适。

（3）工作许可人：

1）负责审查工作票所列安全措施是否正确、完备，是否符合现场条件。

2）负责确认工作现场布置的安全措施是否完善，必要时予以补充。

3）负责检查检修设备有无突然来电的危险。

4）对工作票所列内容即使存在很小疑问，也应向工作票签发人询问清楚，必要时应要求作详细补充。

（4）专责监护人：

1）确认被监护人员和监护范围。

2）工作前，对被监护人员交待监护范围内的安全措施，告知危险点和安全注意事项。

3）监督被监护人员遵守《变电安规》和现场安全措施，及时纠正被监护人员的不安全行为。

（5）工作班成员：

1）熟悉工作内容、工作流程，掌握安全措施，明确工作中的危险点，并在工作票上履行交底签名确认手续。

2）服从工作负责人（监护人）、专责监护人的指挥，严格遵守《变电安规》

和劳动纪律，在确定的作业范围内工作，对自己在工作中的行为负责，互相关心工作安全。

3）正确使用施工器具、安全工器具和劳动防护用品。

三、工作许可制度

（1）工作许可人在完成工作现场安全措施后，还应完成以下手续，工作班方可开始工作：

1）会同工作负责人到现场再次检查所做的安全措施，对具体的设备指明实际的隔离措施，证明检修设备确无电压。

2）对工作负责人指明带电设备的位置和注意事项。

3）和工作负责人在工作票上分别确认、签名。

（2）运维人员不得变更有关检修设备的运行接线方式。工作负责人、工作许可人任何一方不得擅自变更安全措施，工作中如有特殊情况需要变更时，应先取得对方的同意并及时恢复。变更情况及时记录在运维日志内。

（3）变电站第二种工作票可采取电话许可方式，但应录音，并各自做好记录。采取电话许可的工作票，工作所需安全措施可由工作人员自行布置，工作结束后应汇报工作许可人。

四、工作监护制度

（1）工作许可手续完成后，工作负责人、专责监护人应向工作班成员交待工作内容、人员分工、带电部位和现场安全措施，进行危险点告知，并履行确认手续，工作班方可开始工作。工作负责人、专责监护人应始终在工作现场，对工作班人员的安全认真监护，及时纠正不安全的行为。

（2）所有工作人员（包括工作负责人）不许单独进入、滞留在高压室、阀厅内和室外高压设备区内。若工作需要（如测量极性、回路导通试验、光纤回路检查等）且现场设备条件允许时，可以准许工作班中有实际经验的一个人或几人同时在它室进行工作，但工作负责人应在事前将有关安全注意事项予以详尽的告知。

（3）工作负责人、专责监护人应始终在工作现场。工作票签发人或工作负责人，应根据现场的安全条件、施工范围、工作需要等具体情况，增设专责监护人和确定被监护的人员。专责监护人不得兼做其他工作。专责监护人临时离开时，应通知被监护人员停止工作或离开工作现场，待专责监护人回来后方可恢复工作。若专责监护人必须长时间离开工作现场时，应由工作负责人变更专责监护人，履行变更手续，并告知全体被监护人员。

（4）工作期间，工作负责人若因故暂时离开工作现场时，应指定能胜任的人员临时代替，离开前应将工作现场交待清楚，并告知工作班成员。原工作负责人返回工作现场时，也应履行同样的交接手续。若工作负责人必须长时间离开工作现场时，应由原工作票签发人变更工作负责人，履行变更手续，并告知全体作业人员及工作许可人。原、现工作负责人应做好必要的交接。

五、工作间断、转移和终结制度

（1）工作间断时，工作班人员应从工作现场撤出。每日收工后，应清扫工作地点，开放已封闭的通道，并电话告知工作许可人。若工作间断后所有安全措施和接线方式保持不变，工作票可由工作负责人执存。次日复工时，工作负责人应电话告知工作许可人，并重新认真检查确认安全措施是否符合工作票要求。间断后继续工作，若无工作负责人或专责监护人带领，作业人员不得进入工作地点。

（2）在未办理工作票终结手续以前，任何人员不准将停电设备合闸送电。在工作间断期间，若有紧急需要，运维人员可在工作票未交回的情况下合闸送电，但应先通知工作负责人，在得到工作班全体人员已经离开工作地点、可以送电的答复后方可执行，并应采取下列措施：

1）拆除临时遮栏、接地线和标示牌，恢复常设遮栏，换挂“止步，高压危险！”的标示牌。

2）应在所有道路派专人守候，以便告诉工作班人员“设备已经合闸送电，不得继续工作”。守候人员在工作票未交回以前，不得离开守候地点。

（3）检修工作结束以前，若需将设备试加工作电压，应按下列条件进行：全体作业人员撤离工作地点；将该系统的所有工作票收回，拆除临时遮栏、接地线和标示牌，恢复常设遮栏；应在工作负责人和运维人员进行全面检查无误后，由运维人员进行加压试验。工作班若需继续工作时，应重新履行工作许可手续。

（4）在同一电气连接部分用同一工作票依次在几个工作地点转移工作时，全部安全措施由运维人员在开工前一次做完，不需再办理转移手续。但工作负责人在转移工作地点时，应向作业人员交待带电范围、安全措施和注意事项。

（5）全部工作完毕后，工作班应清扫、整理现场。工作负责人应先周密地检查，待全体作业人员撤离工作地点后，再向运维人员交待所修项目、发现的问题、试验结果和存在问题等，并与运维人员共同检查设备状况、状态，有无遗留物件，是否清洁等，然后在工作票上填明工作结束时间。经双方签名后，工作终结。

待工作票上的临时遮栏已拆除，标示牌已取下，已恢复常设遮栏，未拆除的接地线、未拉开的接地刀闸等设备运行方式已汇报调控人员，工作票方告终结。

（6）只有在同一停电系统的所有工作票都已终结，并得到值班调控人员或运维负责人的许可指令后，方可合闸送电。

（7）已终结的工作票、事故紧急抢修单应保存 1 年。

第二节　保证安全的技术措施

在电气设备上工作，保证安全的技术措施包括停电；验电；接地；悬挂标示牌和装设遮栏（围栏）。上述措施由运维人员或有权执行操作的人员执行。

一、停电

（1）检修设备停电应满足以下要求：

1）检修设备停电，应把各方面的电源完全断开（任何运行中的星形接线设备的中性点应视为带电）。禁止在只经断路器断开电源或只经换流器闭锁隔离电源的设备上工作。应拉开隔离开关，手车开关应拉至试验或检修位置，应使各方面有一个明显的断开点，若无法观察到停电设备的断开点，应有能够反映设备运行状态的电气和机械等指示。与停电设备有关的变压器和电压互感器，应将设备各侧断开，防止向停电检修设备反送电。

2）检修设备和可能来电侧的断路器、隔离开关应断开控制电源和合闸电源，隔离开关操作把手应锁住，确保不会误送电。

3）对难以做到与电源完全断开的检修设备，可以拆除设备与电源之间的电气连接。

（2）工作地点应停电的设备如下：

1）检修的设备。

2）与作业人员在进行工作中正常活动范围的距离小于表 2–2 规定的设备。

表 2–2 作业人员工作中正常活动范围与设备带电部分的安全距离

电压等级（kV）	安全距离（m）	电压等级（kV）	安全距离（m）
10 及以下	0.35	1000	9.50
20、35	0.60	±50 及以下	1.50
66、110	1.50	±400	6.70
220	3.00	±500	6.80
330	4.00	±660	9.00
500	5.00	±800	10.10
750	8.00		

3）在 35kV 及以下的设备处工作，安全距离虽大于表 2–2 规定，但小于表 1–1 规定，同时又无绝缘隔板、安全遮栏措施的设备。

4）带电部分在作业人员后面、两侧、上下，且无可靠安全措施的设备。

5）其他需要停电的设备。

二、验电

验电是直接验证停电设备是否确无电压、检验停电措施的制定和执行是否正确、完善的重要手段。

验电时应注意下列事项：

（1）验电时，应使用相应电压等级且合格的接触式验电器，在装设接地线或合接地刀闸处对各相分别验电。验电前，应先在有电设备上进行试验，确认验电器良好；无法在有电设备上进行试验时，可用工频高压发生器等确认验电器良好。

（2）高压验电应戴绝缘手套。验电器的伸缩式绝缘棒长度应拉足，验电时手应握在手柄处不得超过护环，人体应与验电设备保持表 1–1 中规定的距离。雨雪天气时不得进行室外直接验电。

（3）对无法进行直接验电的设备、高压直流输电设备和雨雪天气时的户外设备，可以进行间接验电，即通过设备的机械指示位置、电气指示、带电显示装置、仪表及各种遥测、遥信等信号的变化来判断。判断时，至少应有两个非同样原理或非同源的指示发生对应变化，且所有这些确定的指示均已同时发生对应变化，才能确认该设备已无电。以上检查项目应填写在操作票中作为检查项。检查中若发现其他任何信号有异常，均应停止操作，查明原因。若进行遥控操作，可采用上述的间接方法或其他可靠的方法进行间接验电。

330kV 及以上的电气设备，可采用间接验电方法进行验电。

（4）表示设备断开和允许进入间隔的信号、经常接入的电压表等，如果指示有电，在排除异常情况前，禁止在设备上工作。

三、接地

为防止停电工作的检修设备突然来电，应将检修设备接地。装设接地线或合上接地刀闸的要求如下：

（1）装设接地线应由两人进行（经批准可以单人装设接地线的项目及运维人员除外）。

（2）当验明设备确已无电压后，应立即将检修设备接地并三相短路。电缆及电容器接地前应逐相充分放电，星形接线电容器的中性点应接地，串联电容器及与整组电容器脱离的电容器应逐个多次放电，装在绝缘支架上的电容器外壳也应放电。

（3）对于可能送电至停电设备的各方面都应装设接地线或合上接地闸刀，所装接地线与带电部分应考虑接地线摆动时仍符合安全距离的规定。

（4）对于因平行或邻近带电设备导致检修设备可能产生感应电压时，应加装工作接地线或使用个人保安线，加装的接地线应登录在工作票上，个人保安线由作业人员自装自拆。

（5）在门型构架的线路侧进行停电检修，如工作地点与所装接地线的距离小于 10m，工作地点虽在接地线外侧，也可不另装接地线。

（6）检修部分若分为几个在电气上不相连接的部分（如分段母线以隔离开关或断路器隔开分成几段），则各段应分别验电接地短路。降压变电站全部停电时，应将各个可能来电侧的部分接地短路，其余部分不必每段都装设接地线或合上接地刀闸。

（7）接地线、接地刀闸与检修设备之间不得连有断路器或熔断器。若由于设备原因，接地刀闸与检修设备之间连有断路器，在接地刀闸和断路器合上后，应有保证断路器不会分闸的措施。

（8）在配电装置上，接地线应装在该装置导电部分的规定地点，应去除这些地点的油漆或绝缘层，并划有黑色标记。所有配电装置的适当地点均应设有与接地网相连的接地端，接地电阻应合格。接地线应采用三相短路式接地线，若使用分相式接地线，应设置三相合一的接地端。

（9）装设接地线应先接接地端，后接导体端，接地线应接触良好，连接应可靠。拆接地线的顺序与此相反。装、拆接地线导体端均应使用绝缘棒和戴绝缘手套。人体不得碰触接地线或未接地的导线，以防止触电。带接地线拆设备接头时，应采取防止接地线脱落的措施。

（10）成套接地线应由有透明护套的多股软铜线和专用线夹组成，接地线截面积不得小于 $25mm^2$，同时应满足装设地点短路电流的要求。禁止使用其他导线接地或短路。接地线应使用专用的线夹固定在导体上，禁止用缠绕的方法进行接地或短路。

（11）禁止作业人员擅自移动或拆除接地线。高压回路上的工作，必须要拆除全部或一部分接地线后方能进行工作者（如测量母线和电缆的绝缘电阻，测量线路参数，检查断路器触头是否同时接触），如：

1）拆除一相接地线。

2）拆除接地线，保留短路线。

3）将接地线全部拆除或拉开接地刀闸。

上述工作应征得运维人员的许可（根据调控人员指令装设的接地线，应征得调控人员的许可），方可进行。工作完毕后立即恢复。

（12）每组接地线及其存放位置均应编号，接地线号码与存放位置号码应一致。

（13）装、拆接地线，应做好记录，交接班时应交待清楚。

四、悬挂标示牌和装设遮栏（围栏）

悬挂标示牌可提醒人员及时纠正将要进行的错误操作和做法。在工作地点装设遮栏（围栏）以限制作业人员的活动范围，防止造成人身伤害、设备损坏等事故。

悬挂标示牌和装设遮栏（围栏）的要求如下：

（1）在一经合闸即可送电到工作地点的断路器和隔离开关的操作把手上，均应悬挂“禁止合闸，有人工作！”的标示牌。

如果线路上有人工作，应在线路断路器和隔离开关操作把手上悬挂“禁止合闸，线路有人工作！”的标示牌。

对由于设备原因，接地刀闸与检修设备之间连有断路器，在接地刀闸和断路器合上后，在断路器操作把手上，应悬挂“禁止分闸！”的标示牌。

在显示屏上进行操作的断路器和隔离开关的操作处应设置“禁止合闸，有人工作！”或“禁止合闸，线路有人工作！”以及“禁止分闸！”的标记。

（2）部分停电的工作，安全距离小于表1–1规定距离以内的未停电设备，应装设临时遮栏，临时遮栏与带电部分的距离不得小于表2–2的规定数值，临时遮栏可用干燥木材、橡胶或其他坚韧绝缘材料制成，装设应牢固，并悬挂“止步，高压危险！”的标示牌。

35kV 及以下设备可用与带电部分直接接触的绝缘隔板代替临时遮栏。绝缘隔板的绝缘性能应符合《变电安规》要求。

（3）在室内高压设备上工作，应在工作地点两旁及对面运行设备间隔的遮栏（围栏）上和禁止通行的过道遮栏（围栏）上悬挂“止步，高压危险！”的标示牌。

（4）高压开关柜内手车开关拉出后，隔离带电部位的挡板封闭后禁止开启，并设置“止步，高压危险！”的标示牌。

（5）在室外高压设备上工作，应在工作地点四周装设围栏，其出入口要围至临近道路旁边，并设有“从此进出！”的标示牌。工作地点四周围栏上悬挂适当数量的“止步，高压危险！”标示牌，标示牌应朝向围栏里面。若室外配电装置的大部分设备停电，只有个别地点保留有带电设备而其他设备无触及带电导体的可能时，可以在带电设备四周装设全封闭围栏，围栏上悬挂适当数量的“止步，高压危险！”标示牌，标示牌应朝向围栏外面。禁止越过围栏。

（6）在工作地点设置“在此工作！”的标示牌。

（7）在室外构架上工作，则应在工作地点邻近带电部分的横梁上，悬挂“止步，高压危险！”的标示牌。在作业人员上下铁架或梯子上，应悬挂“从此上下！”的标示牌。在邻近其他可能误登的带电构架上，应悬挂“禁止攀登，高压危险！”的标示牌。

（8）禁止作业人员擅自移动或拆除遮栏（围栏）、标示牌。因工作原因必须短时移动或拆除遮栏（围栏）、标示牌的，应征得工作许可人同意，并在工作负责人的监护下进行。完毕后应立即恢复。

（9）直流换流站单极停电工作，应在双极公共区域设备与停电区域之间设置围栏，在围栏面向停电设备及运行阀厅门口悬挂“止步，高压危险！”标示牌。在检修阀厅和直流场设备处设置“在此工作！”的标示牌。

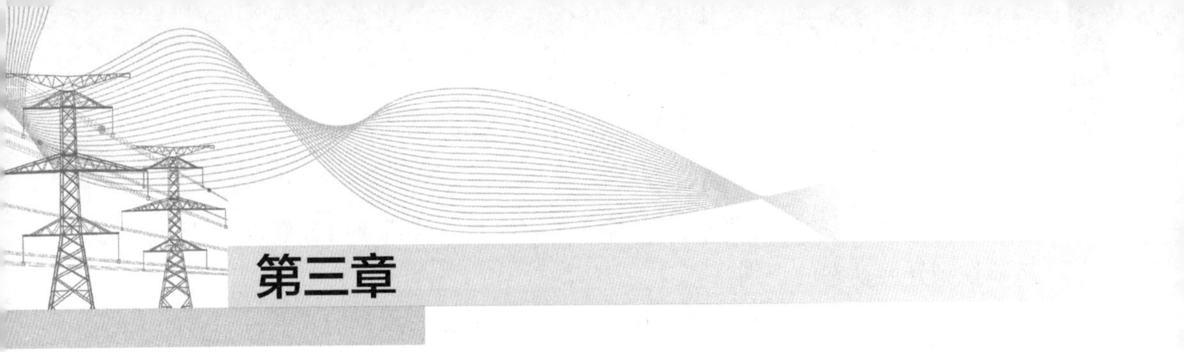

第三章

作业项目安全风险管控

第一节　概　　述

为贯彻安全第一、预防为主、综合治理的方针，推进电网企业安全风险管理工作，规范作业安全风险的辨识、评估和控制方法，本节依据《国家电网有限公司作业安全风险管控工作规定》和《国家电网有限公司作业安全风险预警管控工作规范》，介绍风险辨识评估基本方法，以对作业安全风险实施超前分析和流程化控制，形成流程规范、措施明确、责任落实、可控在控的安全风险管控机制。

一、风险辨识评估基本方法

风险辨识是指辨识风险的存在并确定其特性的过程，包括静态风险辨识、动态风险辨识和作业项目风险辨识。

（1）静态风险辨识是依据《国家电网公司供电企业安全风险评估规范》（以下简称《评估规范》）等事先拟好的检查清单对现场风险因素进行辨识，制定风险控制措施。主要开展三个方面的工作：设备、环境的风险识别，人员素质及管理的风险识别，风险数据库的建立与应用。

1）设备、环境的风险识别，依据《评估规范》第一、二章内容要求，有计划、有目的地开展设备、环境、工器具、劳动防护以及物料等静态风险的识别，找出存在的危险因素。

2）人员素质及管理的风险识别，依据《评估规范》第三、五章内容要求开展，可进行自查，也可由专家组或专业第三方机构对人员素质和安全生产综合管理开展周期性的识别，查找影响安全的危险因素。

3）现场管理的风险识别，依据《评估规范》第四章内容要求，结合作业风险控制开展动态的识别。

（2）动态风险辨识是对照《作业安全风险辨识范本》对作业过程中的风险因素进行辨识。

（3）作业项目风险辨识是采用三维辨识法对整个项目所包含的风险因素进行辨识。三维辨识法是指通过对照《作业安全风险辨识范本》辨识作业过程中的动态风险、查看《作业安全风险库》辨识作业过程中的静态风险、现场踏勘确认风险的一种方法。

二、风险评估

风险评估是指对事故发生的可能性和后果进行分析与评估，并给出风险等级的过程。风险等级分为一般、较大、重大三级。静态风险评估一般采用 LEC 法，动态风险评估一般采用 PR 法。

1. LEC 法

LEC 法是根据风险发生的可能性、暴露在生产环境下的频度、导致后果的严重性，针对静态风险所采取的一种风险评估方法。

风险值 D 的计算公式为：$D=LEC$

L 为发生事故的可能性大小。事故发生的可能性大小，当用概率来表示时，绝对不可能发生的事故概率为 0；而必然发生的事故概率为 1。然而，从系统安全角度考察，绝对不发生事故是不可能的，所以人为地将发生事故的可能性极小的分数定为 0.1，而必然发生的事故分数定为 10，各种情况的分数如表 3-1 所示。

表 3-1　事故发生的可能性（L）

事故发生的可能性（发生的概率）	分数值
完全可能预料（100%可能）	10
相当可能（50%可能）	6
可能，但不经常（25%可能）	3
可能性小，完全意外（10%可能）	1
很不可能，可以设想（1%可能）	0.5
极不可能（小于 1%可能）	0.1

E 为暴露于危险的频繁程度。人员出现在危险环境中的时间越多，则危险性越大。规定连续出现在危险环境的情况定为 10，而非常罕见地出现在危险环境中定为 0.5，介于两者之间的各种情况规定若干个中间值，如表 3–2 所示。

表 3–2　　暴露于危险环境频度（E）

暴露频度	分数值
持续：每天多次	10
频繁：每天一次	6
有时：每天一次～每月一次	3
较少：每月一次～每年一次	2
很少：50 年一遇	1
特少：100 年一遇	0.5

C 为发生事故的严重性。事故所造成的人身伤害或电网损失的变化范围很大，所以规定分数值为 1～100，把造成仅需要救护的伤害及设备或电网异常运行的分数定为 1，把造成重大及以上人身、设备、电网事故的分数定为 100，其他情况的数值定为 1～100 之间，如表 3–3 所示。

表 3–3　　发生事故的严重性（C）

分数值	后果	
	人身	电网设备
100	可能造成特大人身死亡事故者	可能造成特大设备事故者；可能引起特大电网事故者
40	可能造成重大人身死亡事故者	可能造成重大设备事故者；可能引起重大电网事故者
15	可能造成一般人身死亡事故或多人重伤者	可能造成一般设备事故者；可能引起一般电网事故者
7	可能造成人员重伤事故或多人轻伤事故者	可能造成设备一类障碍者；可能造成电网一类障碍者
3	可能造成人员轻伤事故者	可能造成设备二类障碍者；可能造成电网二类障碍者
1	仅需要救护的伤害	可能造成设备或电网异常运行

风险值 D 计算出后，关键是如何确定风险级别的界限值。这个界限值并不是长期固定不变，在不同时期，企业应根据其具体情况来确定风险级别的界限值。表 3–4 内容可作为确定风险程度的风险值界限的参考标准。

表 3-4　　风险程度与风险值的对应关系

风险程度	风险值
重大风险	$D \geqslant 160$
较大风险	$70 \leqslant D < 160$
一般风险	$D < 70$

实例：某供电企业 500kV 某变电站围墙南侧出线塔下方原土建单位搭建的临时工棚，在投运之后仍未拆除，由于无人管理成为危房，台风或大风天气吹起轻飘物会危及设备的安全运行。同时，500kV 场地东南侧搭建的种植西瓜薄膜大棚，在台风季节也会严重影响到变电站安全运行。

L 的确定：大风或台风天气的出现概率不大，加之可被风吹起的轻飘物固定不牢发生的概率也不大，可定值为 1。

E 的确定：从地理角度上讲属于连续暴露，所以定值为 10。

C 的确定：危险源离变电站 500kV 场地很近，极有可能导致 500kV 母差动作，按《国家电网有限公司安全事故调查规程》（以下简称《事故调规》）核定为一般电网事故，属于非常严重，所以定值 15。

按 $D=LEC$，得出风险值为 150，其值大于 70 但小于 160，故风险等级确定为“较大风险”。这样就为下一步的风险控制确定了目标。

2. PR 法

PR 法是根据风险发生的可能性、导致后果的严重性，针对动态风险所采取的一种风险评估方法。

P 值代表事故发生的可能性（Possible），即在风险已经存在的前提下，发生事故的可能性。按照事故的发生率将 P 值分为四个等级，如表 3-5 所示。

表 3-5　　可能性定性定量评估标准表（P）

级别	可能性	含义
4	几乎肯定发生	事故非常可能发生，发生概率在 50%以上
3	很可能发生	事故很可能发生，发生概率在 10%～50%
2	可能发生	事故可能发生，发生概率在 1%～10%
1	发生可能性很小	事故仅在例外情况下发生，发生概率在 1%以下

R 值代表后果严重性（Result），即在此风险导致事故发生之后，造成对人身、电网或者设备的危害程度。根据国家电网公司事故调查规程的分类，将 R

值分为特大、重大、一般、轻微四个级别，见表 3–6 所示。

表 3–6　　严重性定性定量评估标准表（*R*）

级别	后果	严重性	
		人身	电网设备
4	特大	可能造成重大及以上人身死亡事故者	可能造成重大及以上设备事故者；可能引起重大及以上电网事故者
3	重大	可能造成一般人身死亡事故或多人重伤者	可能造成一般设备事故者；可能引起一般电网事故者
2	一般	可能造成人员重伤事故或多人轻伤事故者	可能造成设备一二类障碍者；可能造成电网一二类障碍者
1	轻微	仅需要救护的伤害	可能造成设备或电网异常运行

将表 3–5 和表 3–6 中的可能性和严重性结合起来，就得到重大、较大、一般表示的风险水平描述，如图 3–1 所示。

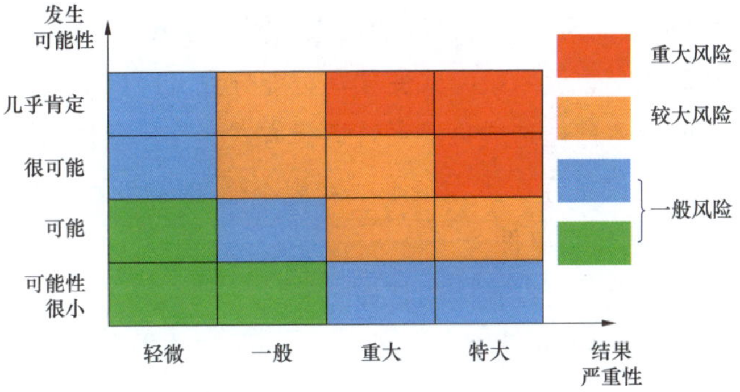

图 3–1　PR 法风险坐标图

第二节　电网安全风险辨识与控制

电网运行风险是指电网检修、施工、调试等带来运行方式变化，输变电设备缺陷或异常带来运行状况变化，气候、来水等外部因素带来运行环境变化，引起电网运行出现可预见性的安全风险。

为加强电网运行风险分析与预警管理，本节依据《电力系统安全稳定导则》《电力安全事故应急处置和调查处理条例》（中华人民共和国国务院令第 599 号）、《电网调度管理条例》（中华人民共和国国务院令第 115 号）、《国家电网有限公司安全事故调查规程》（以下简称《事故调规》）、Q/GDW 11711—2017《电网运行风险预警管控工作规范》等相关规定，阐述电网运行风险预警管理措施，明确各级部门相应的工作职责、内容、流程和要求，对可能严重影响电网安全稳定运行的特殊运行方式及时制订落实相应的风险防范措施，提高电网风险防范水平。

本节适用于国家电网公司各级电力调度控制中心管辖电网的运行风险预警管理。

一、电网风险预警管控职责与分工

1. 各级电网风险管控预警范围

关于各级调度风险预警发布职责划分，依据《事故调规》中电网事件相关要求，具体执行中，考虑预警发布统一调度、分级预警、注重实效的原则。

（1）国调风险预警发布范围。

1）直调管辖设备停电期间再发生 $N-1$ 故障，可能导致四级以上电网安全事件，以及管控措施需跨区协调落实的五级电网运行风险。

2）跨区特高压交直流系统方式变化，可能导致五级以上电网安全事件。

3）跨区电网设备停电造成直流系统运行方式变化，存在双极闭锁风险。

4）跨区电网主设备存在重大缺陷或隐患不能退出运行，且一旦故障后可能导致五级以上电网安全事件。

5）其他应纳入国调管控范围的事件。

（2）网调风险预警发布范围。

1）分调管辖设备停电期间再发生 $N-1$ 故障，可能导致四级以上电网安全事件，以及管控措施需由两家及以上省公司协调落实的五级电网运行风险。

2）区域内特高压交直流系统或 750kV 系统方式变化，可能导致五级以上电网安全事件。

3）跨省电网设备停电造成直流系统运行方式变化，存在双极闭锁风险。

4）区域内 750kV 或跨省电网主设备存在重大缺陷或隐患不能退出运行，且一旦故障后可能导致五级以上电网安全事件。

5）区域内 500kV（含 330kV）以上枢纽变电站二次系统改造，可能导致全站停电。

6）设备停电期间再发生 $N-1$ 故障，可能造成运行机组总容量 1000MW 及以上的分调管辖发电厂全厂对外停电。

7）其他应纳入网调管控范围的事件。

（3）省调风险预警发布范围。

1）省调管辖设备停电期间再发生 $N-1$ 及以上故障，可能导致五级以上电网事件（除部分在地调预警职责中明确的）。

2）设备停电造成省内 500kV 及以上变电站改为单线供电、单台主变压器、单母线运行的情况，且无法通过运行方式调整等手段保障电网安全稳定运行。

3）一次事件造成两台以上 500kV 主变压器跳闸停运。

4）因电网侧故障造成省调管辖发电厂一次减少出力 2000MW 以上。

5）造成电网减供负荷 100MW 以上者。

6）设备停电后可能导致 220kV 以上电网非正常解列成三片以上，其中至少有三片每片内解列前发电出力和供电负荷超过 100MW。

7）设备停电后可能导致电网电能质量降低的五级电网事件。

8）省内 220kV 枢纽站二次系统改造，会引起全站停电，对外造成重要影响。

9）故障后造成县级以上地方人民政府有关部门确定的省调管辖内特级或一级重要电力用户、高速铁路、机场、城市轨道交通等电网侧供电全部中断。

10）其他应纳入省调管控范围的事件。

（4）地调风险预警发布范围。

1）地调管辖设备停电期间再发生 $N-1$ 及以上故障，可能导致六级以上电网事件（除部分在县调预警职责中明确的）。

2）设备停电造成地市内一座 220kV 变电站改为单台主变压器、单母线、单线（同杆并架双线）运行。

3）一次事件造成两台以上 220kV 主变压器跳闸停运。

4）故障后造成城市电网（含省会城市、其他设区的市、县级市电网）减供负荷比例或者城市供电用户停电比例超过一般电网事故数值 60%以上者。

5）故障后造成管辖范围内 3 座以上 110kV（含 66kV）变电站全停。

6）故障后造成管辖范围内 3 座以上 35kV 变电站全停。

7）造成电网减供负荷 40MW 以上者。

8）故障后造成县级以上地方人民政府有关部门确定的地调管辖内二级以上重要电力用户[县(配)调管辖的一级以上重要电力用户涉及的风险由县(配)调评估向地调申请，由地调发布]、高速铁路、机场、城市轨道交通、电气化铁路等电网侧供电全部中断。

9）直流系统故障可能造成400kV以下柔性直流输电系统全停。

10）其他应纳入地调管控范围的事件。

（5）县（配）调风险预警发布范围。

1）县（配）调管辖设备停电期间再发生$N-1$及以上故障，可能导致七级以上电网事件。

2）设备停电造成县域范围内一座110kV变电站改为单台主变压器、单母线、单线运行。

3）造成电网减供负荷10MW以上者。

4）故障后造成县级以上地方人民政府有关部门确定的县（配）调管辖内二级重要电力用户及电气化铁路等电网侧供电全部中断。

5）故障后造成县级以上地方人民政府有关部门确定的临时性重要电力用户电网侧供电全部中断。

6）其他应纳入县（配）调管控范围的事件。

注：预警范围里“以上”包含本数，“以下”不包含本数。

（6）其他说明。对于非检修方式或设备停电等原因而长期存在的七级以上电网风险，应结合电网规划和建设尽可能予以消除或降低风险，日常运维中应制定并落实可靠的专业管控措施，不专门发布电网风险预警。

2. 各专业职责分工

（1）调控中心：负责电网运行风险预警的评估、发布、延期、取消和解除，会同相关部门编制《电网运行风险预警通知单》（以下简称《预警通知单》），提出电网运行风险管控要求，组织优化运行方式、制定事故预案等措施，负责编制职责分工范围内的《风险评估表》，负责向政府电力运行主管部门报告、向相关并网电厂告知电网运行风险预警，负责检查本专业电网运行风险预警管控工作情况。

（2）安监部：负责组织建立电网运行风险预警管控机制；负责电网运行风险预警管控工作的全过程监督、检查、评价、考核；负责电网运行风险预警管控系统建设与应用；负责向能源局及派出机构报告电网运行风险预警。

（3）发展部：负责在电网规划中加强电网结构分析，将相关项目纳入电网规划并推进前期工作，提高系统抵御风险能力。

（4）设备部（运检部）：负责分析重大检修、设备状况、外力破坏等安全风险，组织落实输变电设备和输配电通道巡视、监测、维护、消缺、安全防护等管控措施，组织落实电网技改项目；负责检查本专业电网运行风险预警管控工作情况。

（5）建设部：负责落实电网建设工程，分析输变电建设、施工跨越、调试投产等对电网运行带来的安全风险，组织落实基建施工、现场防护、系统调试等管控措施；负责检查本专业电网运行风险预警管控工作情况。

（6）营销部：负责分析重要客户供电安全风险，组织落实需求侧管理、安全供电等管控措施；负责向重要客户告知电网运行风险预警，督促落实重要客户应急预案和保安电源措施；负责检查本专业电网运行风险预警管控工作情况。

二、电网风险预警管控流程

电网运行风险预警管控依托安全风险管控平台（以下简称平台，含 App）实施全过程管理，包括预警评估、预警发布、预警报告与告知、预警实施、预警解除等环节，工作流程图见图 3-2。

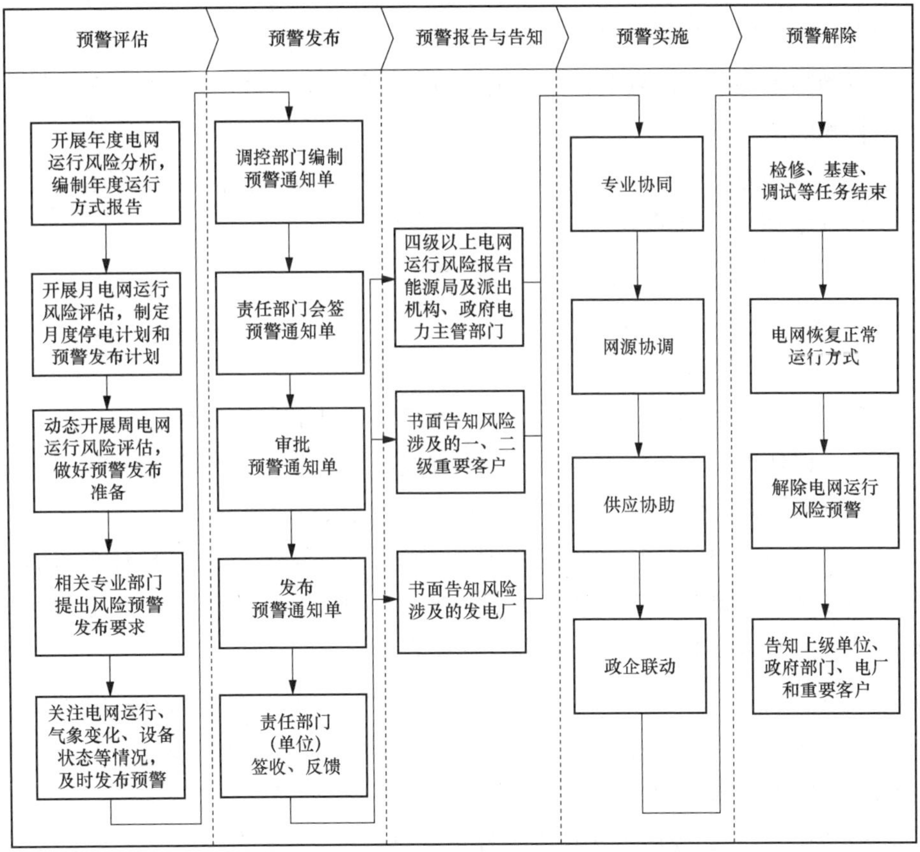

图 3-2　电网运行风险预警管控流程

1. 预警评估

调度部门在参与制定月度检修计划时，应进行电网运行风险评估分析，下发《风险评估表》，如表 3-7 所示，内容包括主要停役设备、停役时间、工作内容、风险分析、受限断面及控制要求，结合风险分析结果提出应落实的各项风险预控措施及落实主体，对措施前、措施后的风险分别进行评价和定级。

表 3-7 风险评估表

序号	主要停役设备	停役时间	工作内容	风险分析	受限断面及控制要求	预控措施	风险等级（措施前）	风险等级（措施后）

风险预警等级从高到低分为一至八级，分别与《事故调规》中一至八级电网事件相对应。

（1）风险分析。在进行电网运行风险分析时，通常采用以下方法：

1）电力电量平衡分析。

2）系统潮流及无功电压分析。

3）系统静态安全分析。

4）系统短路电流分析。

5）系统暂态稳定、频率稳定、电压稳定、小干扰稳定分析。

（2）评估机制。强化电网运行“年方式、月计划、周安排、日管控”，建立健全风险预警评估机制，为预警发布和管控提供科学依据。

1）年方式：开展年度电网运行风险分析，加强年度综合停电计划协调，各级调控部门编制年度运行方式报告，应包括年度电网运行风险分析结果，同时将措施后四级以上风险向相关部门报备。

2）月计划：加强月度停电计划协调，制定月度检修计划时，各级调控部门牵头组织分析下月电网设备计划停电和通信检修计划带来的安全风险，梳理达到预警条件的停电项目，并编制并下发月度风险评估表。

3）周安排：加强周工作计划和停电安排，制定周检修计划时，动态评估电网运行风险，及时发布预警通知单，在周生产安全例会上部署风险预警管控措施，经相关部门会签，督查会议审核通过，本单位领导或上级单位审批后正式生效。

4）日管控：密切跟踪电网运行状况和停电计划执行情况，加强日工作组织协调，在日生产早会上通报工作进展，根据实际情况动态调整风险预警管控措施。

（3）评估原则。贯彻全面评估、先降后控要求，动态评估电网运行风险，准确界定风险等级，不遗漏风险、不放大风险、不降低管控标准。

1）全面评估。充分辨识电网运行方式、运行状态、运行环境、电源、负荷及电力通信、信息系统等其他可能对电网运行和电力供应造成影响的风险因素：① 运行方式：评估电网特殊保电时期、多重检修方式、系统性试验、配合基建技改等临时方式安全风险。② 运行状态：评估电网断面潮流、设备负载、设备运行状况等安全风险。③ 运行环境：评估重要输变电设备周边水文地质、气候条件、山火、覆冰、雾霾、外力破坏等安全风险。④ 电源：评估电厂出力、送出可靠性、清洁能源消纳等安全风险。⑤ 负荷：评估重要客户供电方式、保电需求等安全风险。⑥ 电力通信：评估电力通信设备本体以及设备检修、设备异常、系统故障等非正常方式或特定情况等安全风险。⑦ 信息系统：评估信息泄露、病毒木马、网络攻击、漏洞隐患、系统升级维护等安全风险。

2）先降后控。充分采取各种预控措施和手段，降等级、控时长、缩范围、减数量，降低事故概率和风险影响，提升管控实效：① 降等级：采取方式调整、分母线运行、负荷转移、分散稳控切负荷数量、调整开机、配合停电、需求侧响应、同周期检修、调整客户生产计划等手段，降低可能造成的负荷损失。② 控时长：优化施工（检修）方案，提前安排设备消缺，适当加大人员投入，采取先进技术工艺，合理控制停电时间。③ 缩范围：优化电网运行方式、停电检修计划、倒闸操作方案，转移重要负荷，启用备用线路，缩小受影响的范围。④ 减数量：坚持综合平衡，一停多用，统筹优化基建、技改和检修工作，科学安排停电计划，减少重复停电，避免风险叠加，严格控制高风险预警工作。

2. 预警发布

电网运行风险预警通知单由调度部门根据风险评估表编制和发布，省检修分公司、市级供电企业和县级供电企业根据上级调度部门下发的电网运行风险预警通知单执行和落实相应的措施。电网运行风险预警通知单包括编号、停电设备、预警事由、预警时段、风险等级、风险分析、运行方式调整、控制限额、主送单位、责任单位、管控措施及要求、编制、审核、批准等内容。电网运行风险预警通知单如表3-8所示。

表3-8　　电网运行风险预警通知单

电网运行风险预警通知单

编号：××××年第××××号

电力调度控制中心　　预警日期：××××年××月××日

<table>
<tr><td>停电设备</td><td colspan="3"></td></tr>
<tr><td>预警事由</td><td colspan="3"></td></tr>
<tr><td>预警时段</td><td colspan="3"></td></tr>
<tr><td>风险等级</td><td colspan="3"></td></tr>
<tr><td>主送部门</td><td colspan="3"></td></tr>
<tr><td>责任单位</td><td colspan="3"></td></tr>
<tr><td>风险分析</td><td colspan="3">运行方式调整：
控制限额：</td></tr>
<tr><td rowspan="5">管控措施及要求</td><td rowspan="5" colspan="2">（1）电力调度控制中心：
（2）运维检修部：
（3）营销部：
（4）安全监察部（保卫部）：</td><td>签收部门</td></tr>
<tr><td>电力调度控制中心：</td></tr>
<tr><td>运维检修部：</td></tr>
<tr><td>营销部：</td></tr>
<tr><td>安全监察部（保卫部）：</td></tr>
<tr><td>编制</td><td></td><td>审核</td><td></td></tr>
<tr><td>批准</td><td colspan="3"></td></tr>
</table>

呈送：

电网运行风险预警通知单经安监、运检、营销、基建等相关部门会签，督查会议审核通过，本单位领导或上级单位审批后正式生效，并下达各相关单位。

对于电网临时检修方式，应纳入周检修计划管理，补发电网运行风险预警通知单。对于电网紧急消缺，明确停电工作时间超过24小时的，由调度部门在下一个工作日补发电网运行风险预警通知单。

3. 预警反馈

各职能部门及相关单位按照“谁会签、谁组织、谁反馈”原则组织落实管控措施，责任单位按照“谁接收、谁落实、谁反馈”原则实施管控措施并填写电网运行风险预警反馈单，格式如表 3-9 所示。电网运行风险预警反馈单内容包括事故预案制定、设备巡视频次、设备检测手段、安全保卫措施、政府部门报告、重要客户告知等内容。

表 3-9　　　　电网运行风险预警反馈单

电网运行风险预警反馈单

编号：××××年第××××号

××××单位　　　　　　　　　　　　反馈日期：××××年××月××日

主送单位					
预警单编号					
预警时段					
管控措施落实情况					
编制		审核		批准	

电网运行风险预警反馈单在工作实施前通过风险管控系统等方式完成反馈，各项预警管控措施均落实到位后，调控部门方可下达设备停电操作指令。

4. 预警报告与告知

按照“谁预警、谁报告”原则，相关单位根据需要分别向地方政府电力运行主管部门进行报告，内容包括风险分析、风险等级、计划安排、影响范围（含敏感区域、民生用电、重要客户等）、管控措施、需要政府协助办理的事项建议等。

对风险预警涉及的二级以上重要客户，由营销部门编制电网运行风险预警告知单，提前 24 小时告知客户并留存相关资料；对电厂送出可靠性造成影响或需要电源支撑的风险预警，由调控部门编制电网运行风险预警告知单，如表 3-10 所示，提前 24 小时告知相关并网电厂并留存相关资料。电网运行风险预警告知单主要内容包括预警事由、预警时段、风险影响、应对措施等，督促电厂、客户合理安排生产计划，做好防范准备。

表 3－10　电网运行风险预警告知单

电网运行风险预警告知单

编号：××年第××号　　报送日期：××年××月××日

送达单位	客户（电厂）		
预警事由			
预警时段	××月××日××时至××月××日××时		
风险分析			
预控措施及要求	针对客户（电厂）实际情况，提出风险预警管控措施要求		
电网风险管控措施			
告知单位	（盖章）		
联系人		联系电话	

5. 预警实施

预警发布后，应强化专业协同、网源协调、供用协助、政企联动，有效提升管控质量和实效，同时做好与电网大面积停电事件应急预案的无缝衔接，针对电网运行风险失控可能导致大面积停电的情况，提前做好应急准备，及时启动应急响应，全方位做好电网运行安全工作。

（1）专业协同。调控、运检、营销、安监等专业协同配合，全面落实管控措施。

1）调度部门负责合理安排电网运行方式、落实防全停技术措施、编制调度运行事故预案、将相关运行风险告知电厂等。

2）设备部门负责落实防全停组织管理措施，对相关重要输配电线路进行特保、特巡或加强巡视，对相关重要变（配）电站做好站内安全管理措施，必要时恢复有人值班等。

3）建设部门负责落实基建现场安全管理措施等。

4）营销部门负责将相关运行风险告知重要用户和铁路公司，做好事故后有序用电预案、事故前有序用电方案等。

5）安监部门负责监督各责任部门和单位落实安全风险管控措施等。

（2）网源协调。做好电厂设备配合检修，调整发电计划，优化开机方式，安排应急机组，做好调峰、调频、调压准备。加强技术监督，确保涉网保护、安全自动装置等按规定投入。

（3）供用协助。及时告知客户电网运行风险预警信息，督促重要客户备齐应急电源，制定应急预案，执行落实有序用电方案，提前安排事故应急容量。

（4）政企联动。提请政府部门协调电力供需平衡和有序用电、督促重要客户用电安全隐患整改，将预警电力设施纳入治安巡防体系，加强防外力破坏等管控措施。

6. 预警解除

因设备停役延期或工作取消，由调控中心及时联系安监部门办理风险延期或取消，并通知相关部门和单位。

设备复役后，风险解除。若设备提前复役，由调控中心及时联系安监部门办理风险解除，并通知相关部门和单位。

三、典型电网安全风险控制措施

（1）合理规划电源接入点。受端系统应具有多个方向多条受电通道，电源点应合理分散接入，每个独立输电通道的输送电力不宜超过受端系统最大负荷的10%～15%，确保失去任一通道时不影响电网安全运行和受端系统可靠供电。综合考虑电力市场空间、电力系统调峰、电网安全等因素，统筹协调、合理布局抽蓄电站等调峰电源。

（2）严格做好风电场、光伏电站并网验收环节的工作，避免不符合电网要求的设备进入电网运行。并网电厂机组投入运行时，相关继电保护、安全自动装置、稳定措施和电力专用通信配套设施等应同时投入运行。

（3）优化电网规划设计方案，合理设计电网结构，完善电网安全稳定控制措施，提高系统安全稳定水平。强化电网薄弱环节，加强电网建设及配电网完善工作，对供电可靠性要求高的电网应适度提高设计标准。对电网进行合理分区，有效限制短路电流；兼顾供电可靠性和经济性，分区之间要有备用联络线以满足一定程度的负荷互带能力。

（4）无功电源及无功补偿设施的配置应使系统具有灵活的无功电压调整能力，在负荷高峰和低谷时段均能分（电压）层、分（供电）区基本平衡。提高无功电压自动控制水平，推广应用无功电压自动控制系统，提高电压稳定性，减少电压波动幅度。

（5）在特殊地形、极端恶劣气象环境条件下重要输电线路宜采取差异化设计，适当提高抗风、抗冰、抗洪等设防水平。输电线路路径应避开滑坡、泥石流、重冰区及易发生导线舞动、山火等的区域，无法避让时应采取相应防范措施。

（6）严格执行电网运行控制要求，严禁超运行控制极限值运行，根据系统发展变化情况及时计算和调整电网运行控制极限。电网一次设备故障后，应按照故障后方式电网运行控制的要求，尽快将相关设备的潮流（或发电机出力、电压等）控制在规定值以内。

（7）根据电网的变化情况及时地分析、调整各种保护装置、安全自动装置的配置或整定值，每年下达低频低压减载方案，及时跟踪负荷变化，定期核查、统计、分析各种安全自动装置的运行情况。加强检修管理和运行维护工作，防止装置出现拒动、误动。

（8）加强开关设备、保护装置的运行维护和检修管理，确保能够快速、可靠地切除故障。定期对变电站内及周边飘浮物、塑料大棚、彩钢板建筑、风筝及高大树木等进行清理，大风前后应进行专项检查，防止异物飘浮造成设备短路。

（9）加强铁塔基础的检查和维护，做好防外力破坏措施，对取土、挖沙、采石等可能危及杆塔基础安全的行为，应及时制止并采取相应防范措施。

（10）迎峰度夏期间和重点保电时段，加强对满载重载线路的运行维护，加强对跨区输电通道及相关线路的运维管控，开展高风险区段、密集线路走廊、线路跨越点特巡，确保重要设备安全稳定运行。

（11）覆冰季节前应对线路做全面检查，落实除冰、融冰和防舞动措施。具备条件的应采取融冰措施，以减少线路覆冰。

第三节 作业安全风险辨识与控制

一、调控人员状态

表 3-11 调控人员状态风险辨识内容及典型控制措施

序号	辨识项目	辨识内容	典型控制措施
1	调控人员业务能力	调控人员新上岗或长期脱离工作岗位，未经跟班实习就正式上岗，不熟悉电网情况，无法对电网安全运行正确监控	1）调控机构新上岗调控运行人员必须经专业培训、现场实习并经考试合格后方可正式上岗； 2）调控机构应加强在岗生产人员现场培训，熟悉现场设备及工作流程，调控运行、设备监控管理专业至少每年开展 2 次； 3）离开调控运行岗位 1 个月及以上应跟班熟悉情况后方可重新开展调控运行工作； 4）离开调控运行岗位 3 个月及以上的调控人员，应重新熟悉设备和系统运行方式，并经安全规程及业务考试合格后，方可重新开展调控运行工作； 5）调控岗位应制定跟班实习人员及副值、正值、值长各自的安全责任制，严格履行副值在正值或值长监护下进行发令操作的安全职责
2	调控人员身体状态	当班调控人员状态不佳，无法正常监控电网运行	1）接班前应保证良好的休息； 2）接班前应自觉避免饮酒； 3）当班时应保持良好工作状态，不做与工作无关的事情； 4）身体健康状况不佳，不宜在调度岗位值班
3	调控人员精神状态	调控人员情绪不佳，精力不集中，无法胜任值班工作	1）接班前调整好精神状态； 2）情绪异常波动、精力无法集中的，不安排当班； 3）原则上不允许连续值班

二、交接班

表 3-12 交接班作业安全风险辨识内容及典型控制措施

序号	辨识项目	辨识内容	典型控制措施
1	调控日志	调控日志应真实、完整、清楚记录电网运行情况，防止误操作、误调度	1）调控日志应包含当班检修和操作记录、电网异常和事故情况、开停机记录、发用电计划调整记录、运行记事、当前系统运行方式、保护及安全稳定控制装置变更调整、预令转发、操作挂牌、告警抑制、集中监控许可、监控业务移交等； 2）调控日志内容要真实、完整、清楚，记录的问题和设备状态符合实际

续表

序号	辨识项目	辨识内容	典型控制措施
2	交班准备	交班应认真检查各项记录的正确性，防止交班时未能正确交待电网运行方式，造成下值误操作、误调度	1）交班值检查调控日志记录（含设备状态），调度指令票记录，检修工作票记录，继电保护定值单记录等正确； 2）检查系统稳定限额控制设置正确
3	接班准备	接班未按规定提前到岗，仓促接班，未能提前掌握电网运行情况，对交班内容错误理解、不能及时发现问题，造成误操作、误调度	1）接班值按规定提前到岗； 2）全面查看调度日志、检修工作申请单、调度指令票等交班内容； 3）查看最新运行规定、运行资料和上一班准备的材料，如危险点分析、事故预想等
4	交接班过程	交接班过程仓促，运行方式、检修工作、电网异常和当班联系的工作等交接不清，导致接班值不能完全掌握电网运行情况，造成误操作、误调度	1）交班值向接班值详细说明当前系统运行方式、机组运行情况、检修设备、系统负荷、计划工作、运行原则、正在进行的电气操作、事故处理进程、告警抑制、集中监控许可、监控业务移交及存在的问题等内容及其他重点事项，交接班由交班值调度长（正、主值）主持进行，同值调控人员可进行补充； 2）接班值理解和掌握接班值所交待的电网情况； 3）交班值须待接班值全体人员完成交接班检查，并确认没有疑问后，方可完成交班

三、运行监控

表 3－13　　运行监控作业安全风险辨识内容及典型控制措施

序号	辨识项目	辨识内容	典型控制措施
1	监控人员在岗	当班监控人员脱岗，电网安全运行失去监控，导致电网事故发生	监控人员当班期间严禁脱岗
2	开停机指令发布	发布机组启停指令导致局部元件过负荷或全网出力出现缺额	1）正常状况下应严格执行日计划表单中机组启停安排； 2）在负荷与计划偏差较大时应及时调整机组启停计划，避免过停造成出力缺额； 3）应熟悉机组开机方式对相关断面潮流的影响，避免因开停机组造成潮流越限
3	线路或断面潮流控制	（1）未及时控制线路或断面超稳定限额运行，导致稳定限额越限	1）关注重负荷线路及断面潮流，及时调整出力及负荷，确保系统在稳定限额内运行； 2）一、二次方式变更后及时核实稳定限额； 3）关注单次持续越限时间长度、连续多日出现越限的频度等突出问题
		（2）错误控制线路或断面超稳定限额运行时，导致电网稳定水平恶化	1）时刻熟悉并掌握系统潮流分布及走向； 2）熟悉并掌握电网内线路及断面正常及检修方式的稳定限额； 3）在重负荷线路或断面超稳定限额运行时，及时根据潮流走向合理调整相关出力及负荷

续表

序号	辨识项目	辨识内容	典型控制措施
3	线路或断面潮流控制	(3)恶劣天气前未控制潮流，恶劣天气时电网事故难以处理，导致事故扩大	恶劣天气时提前控制相关重负荷线路及断面潮流
4	频率控制	系统频率异常时未能及时调整出力及负荷，系统长期在不合格频率运行，导致频率“崩溃”事故	时刻关注系统频率，在频率出现较大偏差时及时有效地调整系统出力及负荷，在短时间内恢复系统频率至合格范围内
5	电压控制	系统电压超出合格范围未能及时调整，导致局部地区长期电压越限	时刻监视 AVC 及系统电压运行情况，当出现电压超出合格范围的时候，及时调整无功功率，在短时间内恢复系统电压至合格范围内
6	信息处置	告警信息未能得到及时正确有效处置，导致设备及电网事故的发生	1）发现异常信息时，及时告知变电运维或自动化运维人员进行检查核； 2）对频繁上报的告警信息采取抑制或延时过滤措施，当设备失去监控时，及时移交监控职责； 3）及时解除信息封锁、抑制等，恢复信息正常告警功能，定期检查分析监控系统信息屏蔽情况； 4）加强监控人员业务素质培训，尤其是对变电站特有告警信息的含义及对设备运行的影响进行差异化培训

四、当班工作联系

表 3－14　当班工作联系作业安全风险辨识内容及典型控制措施

序号	辨识项目	辨识内容	典型控制措施
1	联系规范	调度联系时未互报单位、姓名，调度术语使用不规范，导致误调度	1）调度联系时必须首先互相通报单位和姓名； 2）调度联系要严肃认真，语言（普通话）简明，使用统一规范的调度术语和操作术语； 3）调度工作联系必须录音，录音数据至少保存一年
2	核对工作要求	对现场或下级调度临时提出的工作要求没有仔细核对运行方式及电网潮流，盲目同意，导致误操作或潮流越限	1）临时工作答复前仔细核对现场一、二次设备状态； 2）考虑临时工作对电网运行方式及潮流的影响，必要时要进行潮流或稳定计算
3	核对管辖范围	对现场或下级调度临时提出的工作要求没有仔细核对调度管辖范围，盲目同意，越级许可，导致上级或下级调度误操作或误调度	应充分熟悉调度管辖及许可设备划分范围，严格执行操作许可规定

续表

序号	辨识项目	辨识内容	典型控制措施
4	联系及时准确	上下级调度间联系汇报不准确、不及时，汇报内容不完整，导致对电网情况不能及时准确了解造成误调度或误操作	1）应严格执行调度联系汇报制度； 2）汇报时应思路清晰，内容完整； 3）敏感事件的提级管控
5	排除电话干扰	事故处理时，没有关注主要信息，受到不必要的电话干扰，导致事故处理延误或误操作	1）调度电话号码应保密，限制公布范围； 2）事故处理时，与事故处理无关的电话拒接，简短回答，或事后解答

五、检修工作申请单批复

表 3－15　检修工作申请单批复作业安全风险辨识内容及典型控制措施

序号	辨识项目	辨识内容	典型控制措施
1	及时审批	检修工作申请单未按照流程规定及时流转，导致检修工期滞后，可能造成多个重要设备同时停役，降低电网安全稳定水平	按时审批检修工作申请单
2	审批内容正确	检修工作申请单内容有错误或缺失导致安全措施不全，可能造成误操作	应首先核对工作内容及运行方式，确保工作内容与工作要求的安全措施匹配
3	答复范围	答复时未通知相关单位，导致部分相关单位不能了解配合操作的内容，可能造成误操作	答复检修工作申请时，应严格遵守调度控制管理规程及检修工作申请单管理规定，对工作所涉及的相关单位均要告知
4	答复时间	未按规定时间提前答复导致工作申请单位准备时间仓促，可能造成误操作	在答复检修工作申请时，应严格遵守调度控制管理规程及检修工作申请单管理规定，按时答复现场
5	答复后复诵	批准开完工时未执行复诵制度，可能导致工作内容变更或工作范围扩大，造成误操作	在批准现场或下级调度开、完工时，应相互复诵，确保工作内容一致
6	检修工作记录	检修工作申请单开完工后未填写时间及联系人，导致下一值调控人员误认为工作未开工或未完工，无法正确掌握设备状态，导致误操作	1）批准开完工时应仔细核对时间及联系人并及时填写； 2）工期有变化的检修工作申请单应及时注明并填写联系人； 3）因天气及其他原因导致无法工作的检修工作申请单，应及时注明工作票作废原因并填写联系人

六、调度操作

表 3－16 调度操作作业安全风险辨识内容及典型控制措施

<table>
<tr><th>序号</th><th>辨识项目</th><th>辨识内容</th><th>典型控制措施</th></tr>
<tr><td rowspan="4">1</td><td rowspan="4">拟写操作指令</td><td>（1）拟票调控人员的素质不符合要求</td><td>1）选择合格的调控人员拟票；
2）拟写人应认真负责，拟票前应仔细阅读并理解方式及保护意见；
3）大型操作应由主值调控人员拟写</td></tr>
<tr><td>（2）未执行“三核对”</td><td>1）核对工作申请票；
2）核对模拟盘及 SCADA 画面；
3）核对现场设备状态；
4）监督执行“三核对”</td></tr>
<tr><td>（3）未考虑设备停送电对系统及相关设备的影响。如：运行方式改变时，系统潮流、电压变化及保护是否需调整</td><td>1）考虑变电站接线方式；
2）变压器中性点投切、继电保护投退对系统的影响；
3）停送电设备对系统的影响</td></tr>
<tr><td>（4）涉及两级或以上调度联系操作时，内容不符合规范要求</td><td>1）涉及两级以上调度联系操作，应将电网方式和设备状态的移交写入调度操作指令票中；
2）开工许可与完工汇报应写入调度操作指令票；
3）多任务、多班组工作均应写入调度操作指令票</td></tr>
<tr><td rowspan="2">2</td><td rowspan="2">审核操作指令票</td><td>（1）审票调控人员不具备审核资格</td><td>1）审票调控人员必须是主值及以上调控人员；
2）大型操作应由班长审票</td></tr>
<tr><td>（2）操作指令票内容不规范。操作指令票的操作步骤不合理。方式调整不合理。保护未按要求调整。未考虑停电范围的影响</td><td>1）指令票严格按照统一的模板格式；
2）票面严禁有涂改痕迹（条件具备的，应使用电子指令票）；
3）严格执行“三核对”制度；
4）应对电网全面考虑</td></tr>
<tr><td rowspan="3">3</td><td rowspan="3">预发操作指令票</td><td>（1）未按规定时间提前预发至现场</td><td>1）计划工作的调度指令票应按预计操作时间提前至少 6h 预发至现场，一般前一日预发调令；
2）较为复杂的操作提前 12h 预发至现场；
3）节日检修或新设备启动送电原则上提前 24h 预发至现场；
4）未按预定时间预发，该调令票作废</td></tr>
<tr><td>（2）未执行“三核对”制度。对所预发的调令操作目的不清楚。对所预发调令操作内容和步骤理解不清。预计操作时间未填写明确</td><td>1）核对工作申请票；
2）核对模拟盘及 SCADA 画面；
3）核对现场设备状态；
4）考虑预留操作所用时间</td></tr>
<tr><td>（3）受令单位不具备网上接票功能。未采用电话或传真预发</td><td>1）预发调令时应互通单位、姓名、岗位，并核对调令票编号；
2）预发调令时应说明是预发调令，并核对预发时间</td></tr>
</table>

续表

序号	辨识项目	辨识内容	典型控制措施
4	调度操作	（1）当值调控人员精神状态不佳	1）调控人员接班前6h应严禁饮酒； 2）上班时应保持良好的精神状态； 3）选择合适人员进行调度操作
		（2）操作时的环境不佳。如电网负荷高峰时段、天气状况不佳（雷、电、雨、雾）等	1）操作时间应尽量错开负荷高峰时段； 2）操作时天气情况应该不影响安全操作； 3）系统其他地方没有事故发生； 4）发生的事故已处理完毕； 5）现场参观视察人员应不妨碍操作
		（3）操作前是否未做好危险点分析	1）调控人员应熟悉、掌握电网事故应急预案； 2）调控人员接班后必须做好当班危险点分析； 3）当班期间应根据电网状况及时做好事故预想
		（4）未执行“三核对”制度。未做过“PAS应用”。电网运行方式及变电站接。线方式未能准确掌握	1）认真执行经审核并签字的工作申请票； 2）核对模拟盘及SCADA画面； 3）核对现场设备状态； 4）掌握操作引起的潮流、电压变化； 5）明确操作目的
		（5）有需要（如电厂、其他调控机构等）配合的操作	1）严格按调令票顺序执行，如遇特殊情况需更改操作顺序应履行相关规定； 2）一、二次部分配合操作应及时； 3）区间调度配合操作时，应清楚移交系统、设备状态； 4）其他应按照规程规定原则操作，如联络线、T接线、解合环、解并列等
		（6）未严格执行互报姓名、发令、复诵、录音、汇报制度，未做好详细记录	1）发令人发布指令应准确、清晰，使用规范的调度术语和设备双重名称； 2）复诵应听清方可下令执行； 3）发令人应明确执行的调令编号； 4）操作应按预计时间准时操作； 5）操作应有监护； 6）调度业务联系应使用普通话； 7）网络化下令时应仔细核对操作指令和交互环节
5	操作完毕	调令执行完毕后未明确结束时间。未及时汇报上一级调控机构。未及时许可现场工作开工	1）值班员汇报操作完毕，调控人员应明确调令执行完毕时间； 2）属省调管辖、许可的设备应及时汇报省调； 3）全部调令执行完毕后应及时许可工作开工； 4）调令执行完毕后，应将设备状态及时通知相关运行部门或检修单位

七、监控操作

表 3－17　　监控操作作业安全风险辨识内容及典型控制措施

序号	辨识项目	辨识内容	典型控制措施
1	拟写操作指令	（1）拟票监控人员的素质不符合要求	1）选择合格的监控人员拟票； 2）拟写人应认真负责，拟票前应仔细阅读并理解方式及保护意见； 3）大型操作应由主值监控人员拟写
		（2）未执行“三核对”	1）核对工作申请票； 2）核对模拟盘及 SCADA 画面； 3）核对现场设备状态； 4）监督执行“三核对”
		（3）未考虑设备停送电对系统及相关设备的影响。如：运行方式改变时，系统潮流、电压变化及保护是否需调整	1）考虑变电站接线方式； 2）变压器中性点投切、继电保护投退对系统的影响； 3）停送电设备对系统的影响
		（4）涉及两级或以上调度联系操作时，内容不符合规范要求	1）涉及两级以上调度联系操作，应将电网方式和设备状态的移交写入调度操作指令票中； 2）开工许可与完工汇报应写入调度操作指令票； 3）多任务、多班组工作均应写入调度操作指令票
2	审核操作指令票	（1）审票监控人员不具备审核资格	1）审票监控人员必须是主值及以上监控人员； 2）大型操作应由班长审票
		（2）操作指令票内容不规范。操作指令票的操作步骤不合理。方式调整不合理。保护未按要求调整。未考虑停电范围的影响	1）指令票严格按照统一的模板格式； 2）票面严禁有涂改痕迹（条件具备的，应使用电子指令票）； 3）严格执行“三核对”制度； 4）应对电网全面考虑
3	预发操作指令票	（1）未按规定时间提前预发至现场	1）计划工作的调度指令票应按预计操作时间提前至少 6h 预发至现场，一般前一日预发调令； 2）较为复杂的操作提前 12h 预发至现场； 3）节日检修或新设备启动送电原则上提前 24h 预发至现场； 4）未按预定时间预发，该调令票作废
		（2）未执行“三核对”制度。对所预发的调令操作目的不清楚。对所预发调令操作内容和步骤理解不清。预计操作时间未填写明确	1）核对工作申请票； 2）核对模拟盘及 SCADA 画面； 3）核对现场设备状态； 4）考虑预留操作所用时间
		（3）受令单位不具备网上接票功能。未采用电话或传真预发	1）预发调令时应互通单位、姓名、岗位，并核对调令票编号； 2）预发调令时应说明是预发调令，并核对预发时间

续表

序号	辨识项目	辨识内容	典型控制措施
4	调度操作	（1）当值监控人员精神状态不佳	1）监控人员接班前 6h 应严禁饮酒； 2）上班时应保持良好的精神状态； 3）选择合适人员进行调度操作
		（2）操作时的环境不佳。如电网负荷高峰时段、天气状况不佳（雷、电、雨、雾）等	1）操作时间应尽量错开负荷高峰时段； 2）操作时天气情况应该不影响安全操作； 3）系统其他地方没有事故发生； 4）发生的事故已处理完毕； 5）现场参观视察人员应不妨碍操作
		（3）操作前是否未做好危险点分析	1）监控人员应熟悉、掌握电网事故应急预案； 2）监控人员接班后必须做好当班危险点分析； 3）当班期间应根据电网状况及时做好事故预想
		（4）未执行“三核对”制度。未做过“PAS 应用”。电网运行方式及变电站接。线方式未能准确掌握	1）认真执行经审核并签字的工作申请票； 2）核对模拟盘及 SCADA 画面； 3）核对现场设备状态； 4）掌握操作引起的潮流、电压变化； 5）明确操作目的
		（5）有需要（如电厂、其他调控机构等）配合的操作	1）严格按调令票顺序执行，如遇特殊情况需更改操作顺序应履行相关规定； 2）一、二次部分配合操作应及时； 3）区间调度配合操作时，应清楚移交系统、设备状态； 4）其他应按照规程规定原则操作，如联络线、T 接线、解合环、解并列等
		（6）未严格执行互报姓名、发令、复诵、录音、汇报制度，未做好详细记录	1）发令人发布指令应准确、清晰，使用规范的调度术语和设备双重名称； 2）复诵应听清方可下令执行； 3）发令人应明确执行的调令编号； 4）操作应按预计时间准时操作； 5）操作应有监护； 6）调度业务联系应使用普通话； 7）网络化下令时应仔细核对操作指令和交互环节
5	操作完毕	调令执行完毕后未明确结束时间。未及时汇报上一级调控机构。未及时许可现场工作开工	1）值班员汇报操作完毕，调控人员应明确调令执行完毕时间； 2）属省调管辖、许可的设备应及时汇报省调； 3）全部调令执行完毕后应及时许可工作开工； 4）调令执行完毕后，应将设备状态及时通知相关运行部门或检修单位

八、事故及异常处理

表 3－18　　事故及异常处理作业安全风险辨识内容及典型控制措施

序号	辨识项目	辨识内容	典型控制措施
1	事故信息收集与判断	（1）异常或事故处理时，未及时全面掌握异常或事故信息，导致事故处理时误判断、误下令	1）仔细询问现场设备状态运行方式及保护动作情况； 2）在未能及时全面了解情况前，应先简要了解事故或异常发生的情况，及时做好应对措施和对系统影响的初步分析； 3）事故处理时应进一步全面了解事故或异常情况，核对相关信息； 4）事故处理时，充分参考各个自动化系统信息
		（2）异常或事故处理时，未及时全面掌握当地天气和相关负荷性质等情况，导致事故处理不准确	1）及时了解事故地点的天气情况； 2）了解相关损失或拉路负荷的性质
2	事故的配合处理	事故范围属于上级或下级调度操作范围，未及时汇报或未及时配合处理，导致事故扩大	1）准确掌握各级调度操作管辖范围； 2）按设备管辖范围及时汇报上级调度； 3）根据事故处理需要进行协助配合事故调查处理
3	事故预想及事故预案	未根据电网接线和运行方式潮流变化、气候、季节及现场设备检修情况等做好事故预想，事故预案不熟悉，导致系统发生事故时不能正确应对，造成误下令或事故扩大	1）应根据电网接线方式、运行方式、潮流、天气等变化，做好当班事故预想及危险点分析； 2）熟练掌握各种事故的处理预案，根据电网变化情况及时修订事故预案
4	事故处理	（1）在处理电网发生事故或异常时，不清楚现场电网接线和运行方式，盲目处理，导致误操作或事故扩大	1）仔细询问现场设备状态、运行方式及保护动作情况； 2）根据已掌握的信息和分析，按事故处理原则进行事故处理； 3）随时掌控事故处理进程、电网运行方式及潮流变化
		（2）事故方式下电网稳定限额控制要求不清楚，未及时调控电网潮流（电压），导致事故扩大	1）熟悉各种事故方式下的稳定控制要求； 2）及时调整有关线路及断面潮流
		（3）对事故情况下电网安全自动装置调整原则不熟悉，未及时根据事故后运行方式调整安全自动装置，导致安全自动装置动作引起事故扩大	1）熟悉各种事故方式下电网安全自动装置调整原则； 2）及时根据事故后运行方式调整安全自动装置
		（4）异常或事故处理时，拉限电力度不够或在错误的地方拉限电，造成线路或断面潮流持续越限，引起事故扩大	1）熟悉电网潮流转移情况和潮流走向； 2）拉限电应及时、准确

续表

序号	辨识项目	辨识内容	典型控制措施
4	事故处理	（5）异常或事故处理时，错误发布事故紧急停机组指令，造成线路或断面潮流持续越限，引起事故扩大	1）熟悉电网潮流转移情况和潮流走向； 2）下达事故紧急停机指令应及时； 3）下达事故紧急停机指令应正确、有效
		（6）异常或事故处理时，恢复方案没有考虑特殊接线、特殊设备等对操作的特殊要求，导致误下令或事故扩大	熟悉电网中的特殊接线方式、特殊设备及操作的特殊要求
		（7）调度业务联系电话不畅通	1）调度正常业务联系电话必须保证畅通； 2）启用备用事故应急通信工具； 3）当失去通信联系时按规程规定处理
		（8）异常或事故处理时，下令不准确，导致误下令或事故扩大	1）操作步骤正确； 2）下发口头操作指令前，应慎重考虑操作令的准确性及操作结果； 3）必要时应拟写正式调度指令票
		（9）异常或事故处理时，对系统频率异常、电压异常、系统振荡、联络线和联络变多重故障系统解列等事故的处理原则不熟悉，导致误下令或电网事故扩大	1）熟练掌握系统频率异常、电压异常、系统振荡、联络线和联络变多重故障、系统解列等异常与事故处理原则； 2）尽快隔离故障点，消除事故根源； 3）送电前应判明保护动作情况了解故障范围； 4）尽可能保持设备继续运行，保证对用户连续供电； 5）尽快恢复对已停电用户的供电，特别是厂用电和重要用户的保安电源
5	事故后运行方式调整	未及时调整系统运行方式	根据事故处理后的电网运行方式，按照稳定原则，及时调整系统运行方式

九、新设备启动操作

表 3-19　　新设备启动操作作业安全风险辨识内容及典型控制措施

序号	辨识项目	辨识内容	典型控制措施
1	启动前设备命名及调度管辖范围划分	新设备启动前没有及时进行设备命名或命名重复，混淆以及调度管辖范围未划分或界线不清，导致误操作	启动前，核对新设备命名及调度管辖范围
2	启动前EMS及模拟屏更新	新设备启动前接线图及模拟屏未及时更新，导致调控人员对启动时电网接线方式不清楚，造成误操作	及时做好系统及模拟屏电网接线图和站内电气接线图的更新

续表

序号	辨识项目	辨识内容	典型控制措施
3	参加启动交底会	调控人员启动前对启动流程不了解，造成误操作	调控人员全面掌握启动流程、一次方式变化及保护配合等
4	启动前核对启动条件	新设备启动前未仔细核对待启动设备状态或该设备没有完全具备启动条件，就开始启动操作，导致误操作	1）联系所有相关单位确认待启动设备具备启动送电条件； 2）仔细核对现场设备状态与启动方案中的启动条件一致

第四章

隐患排查治理

第一节 概 述

安全隐患排查治理是企业管理的重要内容，应坚持“谁主管、谁负责”和“全覆盖、勤排查、早发现、快治理”的原则，坚持问题导向，逐级建立标准，实行分级管理，做到全过程闭环管控。

一、定义与分级

安全隐患是指各级单位违反国家、行业及公司安全生产法律、法规、规章、标准、规程、制度规定，或因其他因素在电力生产和建设施工过程中产生的可能导致安全事故（事件）发生的物的不安全状态、人的不安全行为、场所的不安全因素和安全管理方面的缺失。

根据危害程度，安全隐患分为重大隐患、较大隐患和一般隐患三个等级。

（1）重大隐患主要包括可能导致以下后果的安全隐患：

1）一至四级人身、电网、设备事件。

2）五级信息系统事件。

3）水电站大坝溃决、漫坝事件。

4）一般及以上火灾事故。

5）安全管理隐患：违反国家、行业安全生产法律法规的管理问题。

（2）较大隐患主要包括可能导致以下后果的安全隐患：

1）五至六级人身、电网、设备事件。

2）六至七级信息系统事件。

3）其他对社会及公司造成较大影响的事件。

4）安全管理隐患：违反省级地方性安全生产法规和公司安全生产管理规

定的管理问题。

（3）一般隐患主要包括可能导致以下后果的安全隐患：

1）七至八级人身、电网、设备事件。

2）八级信息系统事件。

3）安全管理隐患：违反省公司级单位安全生产管理规定的管理问题。

根据隐患产生原因和导致事故（事件）类型，隐患分为系统运行安全隐患、设备设施安全隐患、人身安全隐患、网络安全隐患、消防安全隐患、大坝安全隐患、安全管理隐患和其他安全隐患八类。

二、职责分工

（1）安全隐患所在单位是安全隐患排查、治理和防控的责任主体。各单位主要负责人对本单位隐患排查治理工作负全面领导责任；分管负责人对分管业务范围内的隐患排查治理工作负直接领导责任。

（2）各级安全生产委员会负责建立健全本单位隐患排查治理规章制度，组织实施隐患排查治理工作，协调解决隐患排查治理重大问题、重要事项，提供资源保障并监督治理措施落实。

（3）各级安委办负责隐患排查治理工作的综合协调和监督管理，组织安委会成员部门编制、修订隐患排查标准，对隐患排查治理工作进行监督检查和评价考核。

（4）各级安委会成员部门按照“管业务必须管安全”的原则，负责专业范围内隐患排查治理工作。各级设备（运检）、调度、建设、营销、互联网、产业、水新、后勤等部门负责本专业隐患标准编制、排查组织、评估认定、治理实施和检查验收工作；各级发展、财务、物资等部门负责隐患治理所需的项目、资金和物资等投入保障。

（5）各级从业人员负责管辖范围内安全隐患的排查、登记、报告，按照职责分工实施防控治理。

（6）各级单位将生产经营项目或工程项目发包、场所出租的，应与承包、承租单位签订安全生产管理协议，并在协议中明确各方对安全隐患排查、治理和管控的管理职责；对承包、承租单位隐患排查治理进行统一协调和监督管理，定期进行检查，发现问题及时督促整改。

第二节　隐患标准及隐患排查

一、隐患标准

（1）国家电网公司总部以及省、市公司级单位应分级分类建立隐患排查标准，明确隐患排查内容、排查方法和判定依据，指导从业人员准确判定、及时整改安全隐患。

（2）隐患排查标准编制应对照安全生产法律法规和规章制度，结合国家电网公司反事故措施和安全事故（事件）暴露的典型问题，确保内容具体、依据准确、责任明确。

（3）隐患排查标准编制应坚持“谁主管、谁编制”“分级编制、逐级审查”的原则，各级安委办负责制定隐患排查标准编制规范，各级专业部门负责本专业排查标准编制。

1）国家电网公司总部组织编制重大隐患标准和较大隐患通用标准，并对下级单位较大隐患标准进行指导审查。

2）省公司级单位补充完善较大隐患排查标准，组织编制一般隐患通用标准，并对下级单位一般隐患标准进行指导审查。

3）地市公司级单位补充完善一般隐患排查标准，形成覆盖各专业、各等级的安全隐患排查标准。

（4）各专业隐患排查标准编制完成后，由本单位安委办负责汇总、审查，经本单位安委会批准后，以正式文件发布。

（5）各级专业部门应将隐患排查标准培训纳入安全教育培训计划，逐级开展培训，指导从业人员准确掌握隐患排查内容、排查方法，提高全员隐患排查发现能力。

（6）隐患排查标准实行动态管理，各级单位应每年对隐患排查标准的针对性、有效性进行评估，结合安全生产法律法规或规章制度“立改废释”，以及安全事故（事件）暴露的问题滚动修订，每年 3 月底前更新发布。

二、隐患排查

（1）各单位应在每年 6 月底前，对照隐患排查标准，组织开展一次涵盖安全生产各领域、各专业、各环节的安全隐患全面排查。各级专业部门应加强本专业隐患排查工作指导。对专业性较强、复杂程度较高的隐患，必要时组织专业技术人员或专家开展诊断分析。

（2）针对排查发现的安全隐患，隐患所在工区、班组应依据排查标准进行初步评估定级，利用国家电网公司安全隐患管理信息系统建立档案，形成本工区、班组安全隐患数据库，并汇总上报至相关专业部门。

（3）各级相关专业部门收到安全隐患报送信息后，应对照安全隐患排查标准，组织对本专业安全隐患进行专业审查，评估认定隐患等级，形成本专业安全隐患数据库。一般隐患由县公司级单位评估认定，较大隐患由市公司级单位评估认定，重大隐患由省公司级单位评估认定。

（4）各级安委办对各专业年度安全隐患数据库进行汇总、复核，经本单位安委会审议后，报上级单位审查。

1）市公司级单位安委会审议基层单位和本级排查发现的安全隐患，对一般隐患审议后反馈至隐患所在单位，对较大及以上隐患报省公司级单位审查。

2）省公司级单位安委会审议地市公司级单位和本级排查发现的安全隐患，对较大隐患审议后反馈至隐患所在单位，对重大隐患报公司总部审查。

3）国家电网公司总部安委会审议省公司级单位和本级排查发现的安全隐患，对重大隐患审议后反馈至隐患所在单位。

（5）对于6月份全面排查周期结束后出现的隐患，各单位应结合日常巡视、季节性检查等，开展常态化排查。

（6）对于国家、行业及地方政府部署开展的安全生产专项行动，各单位应在现行隐患排查标准的基础上，补充相关排查条款，开展针对性排查。

（7）对于国家电网公司系统事故（事件）暴露的典型问题和家族性隐患，各单位应举一反三，开展事故类比排查。

（8）各单位应在上半年全面排查和逐级审查基础上，分层分级建立本单位安全隐患数据库，并结合日常排查、专项排查和事故类比排查滚动更新。

第三节　隐患治理及重大隐患管理

一、隐患治理

（1）隐患一经确定，隐患所在单位应立即采取防止隐患发展的安全控制措施，并根据隐患具体情况和紧急程度，制定治理计划，明确治理单位、责任人和完成时限，限期完成治理，做到责任、措施、资金、期限和应急预案“五落实”。

（2）各级专业部门负责组织制定本专业隐患治理方案或措施，重大隐患由省公司级单位组织制定治理方案，较大隐患由市公司级单位组织制定治理方案或治理措施，一般隐患由县公司级单位制定治理措施。

（3）各级安委会应及时协调解决隐患治理有关事项，对于需要多专业协同治理的，明确治理责任、措施和资金；对于需要地方政府部门协调解决的，应及时报告政府有关部门；对于超出本单位治理能力的，应及时报送上级单位协调治理。

（4）各级单位应将隐患治理所需项目、资金作为项目储备的重要依据，纳入综合计划和预算优先安排。国家电网公司总部及省、地市公司级单位应建立隐患治理绿色通道，对计划和预算外急需实施治理的隐患及时调剂，保障所需资金和物资。

（5）隐患所在单位应结合电网规划、电网建设、技改大修、检修运维、规章制度“立改废释”等及时开展隐患治理，各专业部门应加强专业指导和督导检查。

（6）对于重大隐患治理完成前或治理过程中无法保证安全的，应从危险区域内撤出相关人员，设置警戒标志，暂时停工停产或停止使用相关设备设施，并及时向政府有关部门报告；治理完成并验收合格后方可恢复生产和使用。

（7）对于因自然灾害可能引发事故灾难的隐患，所属单位应当按照有关规定进行排查治理，采取可靠的预防措施，制定应急预案。在接到有关自然灾害预报时，应当及时发出预警通知；发生自然灾害可能危及人员安全的情况时，应当采取停止作业、撤离人员、加强监测等安全措施。

（8）各级安委会应开展隐患治理挂牌督办，公司总部挂牌督办重大隐患，省公司级单位挂牌督办较大隐患，市公司级单位挂牌督办治理难度大、周期长的一般隐患。

（9）隐患治理完成后，隐患整改单位在自验合格的基础上提出验收申请，相关专业部门应在申请提出后一周内完成验收，验收合格报本单位安委办予以销号，不合格则重新组织治理。

1）重大隐患治理结果由省公司级单位组织验收，结果向国家电网公司安委办和相关专业部门报告。

2）较大隐患治理结果由地市公司级单位组织验收，结果向省公司安委办和相关专业部门报告。

3）一般隐患治理结果由县公司级单位组织验收，结果向地市公司级安委办和相关专业部门报告。

4）涉及国家、行业监管部门、地方政府挂牌督办的重大隐患，在治理工作结束后，应及时将有关情况报告相关政府部门。

（10）各级安委办应组织相关专业部门定期向安委会汇报隐患治理情况，对于共性问题和突出隐患，深入分析隐患成因，从管理和技术上制定防范措施，从源头抑制隐患增量。

（11）各级单位应运用安全隐患管理信息系统，实现隐患排查治理工作全过程记录和“一患一档”管理。重大隐患相关文件资料应及时向本单位档案管理部门移交归档。

隐患档案应包括：隐患简题、隐患内容、隐患编号、隐患所在单位、专业分类、归属部门、评估定级、治理期限、资金落实、治理完成情况等。隐患排查治理过程中形成的会议纪要、正式文件、治理方案、应急预案、验收报告等应归入隐患档案。

（12）各级单位应将隐患排查治理情况如实记录，并通过职工大会或者职工代表大会、信息公示栏等方式向从业人员通报。各级单位应在月度安全生产会议上通报本单位隐患排查治理情况，各班组应在安全日活动上通报本班组隐患排查治理情况。

（13）各级单位应建立隐患季度分析、年度总结制度，各级专业部门应定期向本级安委办报送专业隐患排查治理工作，省公司级安委办每季度末月 20 日前向国家电网公司总部报送季度工作总结，次年 1 月 5 日前通过公文报送上年度工作总结。

（14）各级安委办按规定向国家能源局及其派出机构、地方政府有关部门报告安全隐患统计信息和工作总结。各级单位应做好沟通协调，确保报送数据的准确性和一致性。

二、重大隐患管理

（1）重大隐患应执行即时报告制度，各单位评估为重大隐患的，应于 2 个工作日内报总部相关专业部门及国家电网公司安委办，并向所在地区政府安全监管部门和电力安全监管机构报告。

重大隐患报告内容应包括：隐患的现状及其产生原因；隐患的危害程度和整改难易程度分析；隐患治理方案。

（2）重大隐患应制定治理方案。重大隐患治理方案应包括：治理目标和任务；采取方法和措施；经费和物资落实；负责治理的机构和人员；治理时限和要求；防止隐患进一步发展的安全措施和应急预案等。

（3）重大隐患治理应执行“两单一表”（签发督办单—制定管控表—上报反馈单）制度，实现闭环监管。

1）签发安全督办单。国家电网公司安委办获知或直接发现所属单位存在重大隐患的，由安委办主任或副主任签发安全督办单，对省公司级单位整改工作进行全程督导。

2）制定过程管控表。省公司级单位在接到督办单 10 日内，编制《安全整改过程管控表》，明确整改措施、责任单位（部门）和计划节点，由安委会主任签字、盖章后报国家电网公司安委办备案，国家电网公司安委办按照计划节点进行督导。

3）上报整改反馈单。省公司级单位完成整改后 5 日内，填写安全整改反馈单，并附佐证材料，由安委会主任签字、盖章后报国家电网公司安委办备案。

（4）各级单位重大隐患排查治理情况应及时向政府负有安全生产监督管理职责的部门和本单位职工大会或职工代表大会报告。

第四节　隐患排查治理案例

【案例一】国网××供电公司电力调度控制中心存在黑启动方案长期未调整的安全管理隐患

1. 隐患排查（发现）

××年9月6日国网××供电公司电力调度控制中心在安全检查时，发现黑启动方案已三年未进行调整。由于近几年电网结构发生变化，三年前黑启动方案与当前电网结构的实际情况已不适应，不符合《国家电网公司十八项电网重大事故措施（修订版）及编制说明》2.2.3.5条“根据电网发展适时编制或调整黑启动方案及调度实施方案，并落实到电网、电厂各单位”的规定，在电网事故状态下，无法快速恢复厂站用电及重要用户供电。依据《事故调规》4.2.6.5条“变电站内110kV（含66kV）运行母线跳闸全停”、4.2.6.9条“县级以上地方人民政府有关部门确定的二级重要电力用户及电气化铁路等电网侧供电全部中断”，构成六级电网事件。

2. 隐患评估

隐患所在单位预评估其为一般隐患，并在3天内完成专业评估、主管领导审定，最终评估并认定为一般隐患。

3. 隐患治理

隐患所在单位计划在××年9月30日前完成治理，并同步制定防控措施：① 结合当前电网结构，开展事故处置演练；② 排查目前电网薄弱环节，及时发布电网运行风险预警；③ 对涉及重要用户的供电设备增加巡视频次。××年9月15日，隐患所在单位结合当前电网结构，完成对黑启动方案的调整修编，满足当前电网安全生产运行要求。

4. 验收销号

在隐患所在单位完成治理后，××年9月16日，经电力调度控制中心对国网××供电公司电力调度控制中心存在黑启动方案长期未调整的安全管理隐患（×号隐患）进行现场验收，治理完成情况属实，满足安全（生产）运行要求，该隐患已消除。

【案例二】国网××供电公司 110kV××重要变电站单电源其非线路变压器组不满足 $N-1$ 安全隐患

1. 隐患排查（发现）

××年 1 月 10 日国网××供电公司电力调度控制中心在对电网方式进行分析时，发现 110kV××重要变电站单电源，其非线路变压器组不满足 $N-1$，若遇事故跳闸，将造成 110kV××变电站全站停电，不符合《电力系统安全稳定导则》5.2 条“电力系统静态安全分析指应用 $N-1$ 原则，逐个无故障断开线路、变压器等原件，检查其他元件是否因此过负荷和电网越限，用以检验电网结构强度和运行方式是否满足安全运行要求”规定。依据《事故调规》2.2.6.2 条“变电站内 110kV（含 66kV）母线非计划全停”，构成六级电网事件。

2. 隐患评估

隐患所在单位预评估其为一般隐患，并在 3 天内完成专业评估、主管领导审定，最终评估并认定为一般隐患。

3. 隐患治理

隐患所在单位计划在×年 12 月 30 日前完成治理，并同步制定防控措施：① 永久治理前，制定单主变压器运行方式下的事故应急预案，增加对变压器及线路的巡视频次，密切注意负荷及变压器温度的变化；② 完善 110kV××变电站所带重要负荷的供电方式，对该站需检修设备开展“零点”检修，减少限电或减供负荷次数；③ 结合站内地理条件及供电要求，申报项目，对站内进行扩建，尽快投入第二台主变压器或考虑就近从枢纽变电站接入可靠双电源，提高重要负荷的供电可靠性，以满足电网 $N-1$ 原则的要求。×年 12 月 15 日，隐患所在单位完成对 110kV××变电站新增一台 50MVA 变压器并投入运行，满足两台主变压器并列运行方式。

4. 验收销号

在隐患所在单位完成治理后，×年 12 月 15 日，经运维检修部组织牵头对国网××供电公司 110kV××重要变电站单电源其非线路变压器组不满足 $N-1$ 安全隐患（×号隐患）进行现场验收，治理完成情况属实，满足安全（生产）运行要求，该隐患已消除。

【案例三】国网××供电公司备调系统××前置服务器硬盘老化故障存在间歇性服务器死机安全隐患

1. 隐患排查（发现）

×年 8 月 22 日国网××供电公司电力调度控制中心自动化运维班在日常巡视时，发现备调系统××前置服务器硬盘老化故障，存在间歇性服务器死机，备调系统应用服务无法启动的安全隐患，若另一台前置服务器发生故障将导致备调系统通道中断，备调系统失去作用。不符合《国家电网公司十八项电网重大事故措施（修订版）及编制说明》16.1.1.1 条“调度自动化系统的主要设备应采用冗余配置，服务器的存储容量和 CPU 负载应满足相关规定要求”。依据《事故调规》4.3.6.15 条“主、备调配置的安全保护等级为三级的电力监控系统的主调系统和备调系统的主要功能全部失效”，构成六级设备事件。

2. 隐患评估

隐患所在单位预评估其为一般隐患，并在 3 天内完成专业评估、主管领导审定，最终评估并认定为一般隐患。

3. 隐患治理

隐患所在单位计划在×年 10 月 20 日前完成治理，并同步制定防控措施：① 备调系统××前置服务器故障期间，每天对备调系统另一服务器进行指令操作，监测运行工况；② 对××前置服务器下架拆卸，对其中存储硬盘进行更换和调试，完成××前置服务器接入备调系统调试工作。×年 9 月 20 日，隐患所在单位完成备调系统××前置服务器老化硬盘的更换工作，经接入备调系统调试，备调系统运行正常。

4. 验收销号

在隐患所在单位完成治理后，×年 9 月 20 日，经电力调度控制中心对国网××供电公司备调系统××前置服务器硬盘老化故障存在间歇性服务器死机安全隐患（×号隐患）进行现场验收，治理完成情况属实，满足安全（生产）运行要求，该隐患已消除。

第五章

生产现场的安全设备设施

安全设施是指在生产现场经营活动中将危险因素、有害因素控制在安全范围内以及预防、减少、消除危害所设置的安全标志、设备标志、安全警示线、安全防护设施等的统称。变电站内生产活动所涉及的场所、设备（设施）、检修施工等特定区域以及其他有必要提醒人们注意危险有害因素的地点，应配置标准化的安全设施。

一般要求：

（1）安全设施应清晰醒目、安全可靠、便于维护，适应使用环境要求。

（2）安全设施的安装应符合安全要求。安全设施的规格、尺寸、安装位置可视现场情况自行确定，同一变电站、同类设备（设施）应规范统一。

（3）安全设施所用的颜色应符合 GB/T 2893.1—2013《图形符号 安全色和安全标志 第 1 部分：安全标志和安全标记的设计原则》的规定。

（4）变电设备（设施）本体或附近醒目位置应装设设备标志牌，涂刷相色标志或装设相位标志牌。

（5）变电站设备区与其他功能区、运行设备区与改（扩）建施工现场之间应装设区域隔离遮栏。不同电压等级设备区宜装设区域隔离遮栏。

（6）生产场所安装的固定遮栏应牢固，工作人员出入的门等活动部分应加锁。

（7）变电站入口应设置减速线，变电站内适当位置应设置限高、限速标志。设置标志应易于观察。

（8）变电站内地面应标注设备巡视路线和通道边缘警戒线。

（9）安全设施设置后，不应构成对人身伤害、设备安全的潜在风险或妨碍正常工作。

第一节　安　全　标　志

安全标志是指用以表达特定安全信息的标志，由图形符号、安全色、几何形状（边框）和文字构成。安全标志分禁止标志、警告标志、指令标志、提示标志四大基本类型和消防安全标志、道路交通标志等特定类型。

一、一般规定

（1）变电站设置的安全标志包括禁止标志、警告标志、指令标志、提示标志四种基本类型和消防安全标志、道路交通标志等特定类型。

（2）安全标志一般使用相应的通用图形标志和文字辅助标志的组合标志。

（3）安全标志一般采用标志牌的形式，宜使用衬边，以使安全标志与周围环境之间形成较为强烈的对比。

（4）安全标志所用的颜色、图形符号、几何形状、文字，标志牌的材质、表面质量、衬边及型号选用、设置高度、使用要求应符合 GB/T 2894—2008《安全标志及其使用导则》的规定。

（5）安全标志牌应设在与安全有关场所的醒目位置。环境信息标志宜设在有关场所的入口处和醒目位置，局部环境信息应设在所涉及的相应危险地点或设备（部件）的醒目处。

（6）安全标志牌不宜设在可移动的物体上，以免标志牌随母体物体相应移动，影响认读。标志牌前不得放置妨碍认读的障碍物。

（7）多个标志在一起设置时，应按照警告、禁止、指令、提示类型的顺序，先左后右、先上后下地排列，且应避免出现相互矛盾、重复的现象。也可以根据实际，使用多重标志。

（8）安全标志牌应定期检查，如发现破损、变形、褪色等不符合要求时，应及时修整或更换。修整或更换时，应有临时的标志替换，避免发生意外伤害。

（9）变电站入口，应根据站内通道、设备、电压等级等具体情况，在醒目位置按配置规范设置相应的安全标志牌，如“当心触电”“未经许可 不得入内”“禁止吸烟”“必须戴安全帽”等，并应设立限速的标识（装置）。

（10）设备区入口，应根据通道、设备、电压等级等具体情况，在醒目位置按配置规范设置相应的安全标志牌，如“当心触电”“未经许可不得入内”“禁止吸烟”“必须戴安全帽”及安全距离等，并应设立限速、限高的标识（装置）。

（11）各设备间入口，应根据内部设备、电压等级等具体情况，在醒目位置按配置规范设置相应的安全标志牌，如主控制室、继电保护室、通信室、自动装置室应配置“未经许可不得入内”“禁止烟火”；继电保护室、自动装置室应配置“禁止使用无线通信”；高压配电装置室应配置“未经许可 不得入内”“禁止烟火”；GIS 组合电器室、SF_6 设备室、电缆夹层应配置“禁止烟火”“注意通风”“必须戴安全帽”等。

二、禁止标志及设置规范

禁止标志是指禁止或制止人们不安全行为的图形标志。常用禁止标志名称、图形标志名称、示例及设置规范见表 5–1。

表 5–1　　常用禁止标志名称、图形标志示例及设置规范

序号	名称	图形标志示例	设置范围和地点
1	禁止烟火		主控制室、继电保护室、蓄电池室、通信室、自动装置室、变压器室、配电装置室、电缆夹层、隧道入口，危险品存放点，施工作业场所等处
2	禁止用水灭火		变压器室、配电装置室、继电保护室、通信室、自动装置室等处（有隔离油源设施的室内油浸设备除外）
3	禁止跨越		不允许跨越的深坑（沟）等危险场所、安全遮栏等处
4	禁止攀登		不允许攀爬的危险地点，如有坍塌危险的建筑物、构筑物等处

续表

序号	名称	图形标志示例	设置范围和地点
5	未经许可 不得入内		易造成事故或对人员有伤害的场所的入口处，如高压设备室入口、消防泵室、雨淋阀室等处
6	禁止堆放		消防器材存放处、消防通道、逃生通道及变电站主通道、安全通道等处
7	禁止使用无线通信		继电保护室、自动装置室等处
8	禁止合闸　有人工作		一经合闸即可送电到施工设备的断路器和隔离开关操作把手上等处
9	禁止合闸　线路有人工作		线路断路器和隔离开关把手上
10	禁止分闸		接地闸刀与检修设备之间的断路器操作把手上
11	禁止攀登　高压危险		高压配电装置构架的爬梯上，变压器、电抗器等设备的爬梯上

三、警告标志及设置规范

警告标志是指提醒人们对周围环境引起注意，以避免可能发生危险的图形标志。常用警告标志名称、图形标志示例及设置规范见表 5–2。

表 5–2　　　　常用警告标志名称、图形标志示例及设置规范

序号	名称	图形标志示例	设置范围和地点
1	注意安全		易造成人员伤害的场所及设备等处
2	注意通风		SF_6 装置室、蓄电池室、电缆夹层、电缆隧道入口等处
3	当心火灾		易发生火灾的危险场所，如电气检修试验、焊接及有易燃易爆物质的场所
4	当心爆炸		易发生爆炸危险的场所，如易燃易爆物质的使用地点或受压容器等地点
5	当心中毒		装有 SF_6 断路器、GIS 组合电器的配电装置室入口，生产、储运、使用剧毒品及有毒物质的场所
6	当心触电		有可能发生触电危险的电气设备和线路，如配电装置室、开关等处

续表

序号	名称	图形标志示例	设置范围和地点
7	当心电缆		暴露的电缆或地面下有电缆处施工的地点
8	止步 高压危险		带电设备固定遮栏上，室外带电设备构架上，高压试验地点安全围栏上，因高压危险禁止通行的过道上，工作地点临近室外带电设备的安全围栏上，工作地点临近带电设备的横梁上等处

四、指令标志及设置规范

指令标志是指强制人们必须做出某种动作或采用防范措施的图形标志。常用指令标志名称、图形标志示例及设置规范见表5-3。

表5-3　　常用指令标志名称、图形标志示例及设置规范

序号	名称	图形标志示例	设置范围和地点
1	必须戴防毒面具		具有对人体有害的气体、气溶胶、烟尘等作业场所，如有毒物散发的地点或处理有毒物造成的事故现场等处
2	必须戴安全帽		生产现场（办公室、主控制室、值班室和检修班组室除外）
3	必须戴防护手套		易伤害手部的作业场所，如具有腐蚀、污染、灼烫、冰冻及触电危险的作业等处

续表

序号	名称	图形标志示例	设置范围和地点
4	必须穿防护鞋		易伤害脚部的作业场所，如具有腐蚀、灼烫、触电、砸（刺）伤等危险的作业地点

五、提示标志及设置规范

提示标志是指向人们提供某种信息（如标明安全设施或场所等）的图形标志。常用提示标志名称、图形标志示例及设置规范见表 5–4。

表 5–4　　常用提示标志名称、图形标志示例及设置规范

序号	名称	图形标志示例	设置范围和地点
1	在此工作		工作地点或检修设备上
2	从此上下		工作人员可以上下的铁（构）架、爬梯上
3	从此进出		工作地点遮栏的出入口处
4	安全距离		根据不同电压等级标示出人体与带电体最小安全距离。设置在设备区入口处

六、消防安全标志及设置规范

消防安全标志是指用以表达与消防有关的安全信息，由安全色、边框、以图像为主要特征的图形符号或文字构成的标志。常用消防安全标志名称、图形标志示例及设置规范见表 5–5。

表 5-5　　常用消防安全标志名称、图形标志示例及设置规范

序号	名称	图形标志示例	设置范围和地点
1	消防手动启动器		依据现场环境，设置在火灾报警按钮和消防设备启动按钮的位置
2	火警电话		依据现场环境，设置在适宜、醒目的位置
3	消火栓箱	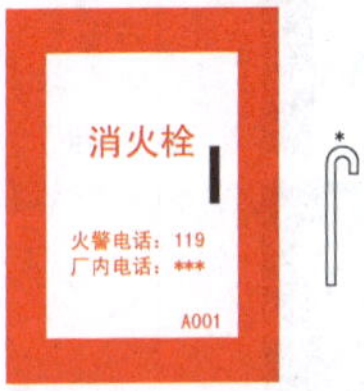	生产场所构筑物内的消火栓处
4	地上消火栓		固定在距离消火栓 1m 的范围内，不得影响消火栓的使用
5	地下消火栓		固定在距离消火栓 1m 的范围内，不得影响消火栓的使用
6	灭火器		悬挂在灭火器、灭火器箱的上方或存放灭火器、灭火器箱的通道上。泡沫灭火器器身上应标注“不适用于电火”字样
7	消防水带		指示消防水带、软管卷盘或消防栓箱的位置

续表

序号	名称	图形标志示例	设置范围和地点
8	灭火设备或报警装置的方向		指示灭火设备或报警装置的方向
9	疏散通道方向		指示到紧急出口的方向，用于电缆隧道指向最近出口处
10	紧急出口		便于安全疏散的紧急出口处，与方向箭头结合设在通向紧急出口的通道、楼梯口等处
11	消防水池		装设在消防水池附近醒目位置，并应编号
12	消防沙池（箱）		装设在消防沙池（箱）附近醒目位置，并应编号
13	防火墙		在变电站的电缆沟（槽）进入主控制室、继电保护室处和分接处、电缆沟每间隔约60m处应设防火墙，将盖板涂成红色，标明“防火墙”字样，并应编号

七、道路交通标志及设置规范

道路交通标志是用以管制及引导交通的一种安全管理设施，用文字和符号传递引导、限制、警告或指示信息。变电站设置限制高度、速度等禁令标志。

限制高度标志表示禁止装载高度超过标志所示数值的车辆通行。

限制速度标志表示该标志至前方解除限制速度标志的路段内，机动车行驶速度（单位为km/h）不准超过标志所示数值。

变电站道路交通标志名称、图形标志示例及设置规范见表5-6。

表 5-6　　道路交通标志、图形标志示例及设置规范

序号	名称	图形标志示例	设置范围和地点
1	限制高度标志		变电站入口处、不同电压等级设备区入口处等最大容许高度受限制地方
2	限制速度标志		变电站入口处、变电站主干道及转角处等需要限制车辆速度的路段起点

第二节　设　备　标　志

设备标志是指用以标明设备名称、编号等特定信息的标志，由文字和（或）图形构成。设备标志由设备名称和设备编号组成。设备标志应定义清晰，具有唯一性。功能、用途完全相同的设备，其设备名称应统一。

一般规定：

（1）设备标志牌应配置在设备本体或附件醒目位置。

（2）两台及以上集中排列安装的电气盘应在每台盘上分别配置各自的设备标志牌。两台及以上集中排列安装的前后开门电气盘前、后均应配置设备标志牌，且同一盘柜前、后设备标志牌一致。

（3）GIS 设备的隔离开关和接地开关标志牌根据现场实际情况装设，母线的标志牌按照实际相序位置排列，安装于母线筒端部；隔室标志安装于靠近本隔室取气阀门旁醒目位置，各隔室之间通气隔板周围涂红色，非通气隔板周围涂绿色，宽度根据现场实际确定。

（4）电缆两端应悬挂标明电缆编号名称、起点、终点、型号的标志牌，电力电缆还应标注电压等级、长度。

（5）各设备间及其他功能室入口处醒目位置均应配置房间标志牌，标明其功能及编号，室内醒目位置应设置逃生路线图、定置图（表）。

（6）电气设备标志文字内容应与调度机构下达的编号相符，其他电气设备

的标志内容可参照调度编号及设计名称。一次设备为分相设备时应逐相标注，直流设备应逐极标注。

设备标志名称、图形标志示例及设置规范见表 5–7。

表 5–7　　　　设备标志名称、图形标志示例及设置规范

序号	名称	图形标志示例	设置范围和地点
1	变压器（电抗器）标志牌	1号主变压器 1号主变压器 A相	（1）安装固定于变压器（电抗器）器身中部，面向主巡视检查路线，并标明名称、编号； （2）单相变压器每相均应安装标志牌，并标明名称、编号及相别； （3）线路电抗器每相应安装标志牌，并标明线路电压等级、名称及相别
2	主变压器（线路）穿墙套管标志牌	1号主变压器 10kV穿墙套管 A B C 1号主变压器 110kV穿墙套管 B	（1）安装于主变压器（线路）穿墙套管内、外墙处； （2）标明主变压器（线路）编号、电压等级、名称。分相布置的还应标明相别
3	滤波器组、电容器组标志牌	3601ACF 交流滤波器	（1）在滤波器组［包括交、直流滤波器，电力线载波（Power Line Carrier，PLC）噪声滤波器、无线电干扰（Radio Interference，RI）噪声滤波器］、电容器组的围栏门上分别装设，安装于离地面 1.5m 处，面向主巡视检查路线； （2）标明设备名称、编号
4	阀厅内直流设备标志牌	020FQ 换流阀 A相 02DCCT 电流互感器	（1）在阀厅顶部巡视走道遮栏上固定，正对设备，面向走道，安装于离地面 1.5m 处； （2）标明设备名称、编号
5	滤波器、电容器组围栏内设备标志牌	C1 电容器 R1 电阻器 L1 电抗器	（1）安装固定于设备本体上醒目处，本体上无位置安装时考虑落地固定，面向围栏正门； （2）标明设备名称、编号

续表

序号	名称	图形标志示例	设置范围和地点
6	断路器标志牌	500kV ××线 5031 断路器 500kV ××线 5031 断路器 A相	（1）安装固定于断路器操作机构箱上方醒目处； （2）分相布置的断路器标志牌安装在每相操作机构箱上方醒目处，并标明相别； （3）标明设备电压等级、名称、编号
7	隔离开关标志牌	500kV ××线 50314 隔离开关 500kV × × 线 50314	（1）手动操作型隔离开关安装于隔离开关操作机构上方100mm处； （2）电动操作型隔离开关安装于操作机构箱门上醒目处； （3）标志牌应面向操作人员； （4）标明设备电压等级、名称、编号
8	电流互感器、电压互感器、避雷器、耦合电容器等标志牌	500kV ××线 电流互感器 A相 220kV Ⅱ段母线 1号避雷器 A相	（1）安装在单支架上的设备，标志牌还应标明相别，安装于离地面1.5m处，面向主巡视检查路线； （2）三相共支架设备，安装于支架横梁醒目处，面向主巡视检查线路； （3）落地安装加独立遮栏的设备（如避雷器、电抗器、电容器、所用变压器、专用变压器等），标志牌安装在设备围栏中部，面向主巡视检查线路； （4）标明设备电压等级、名称、编号及相别
9	换流站特殊辅助设备标志牌	LTT 换流阀 空气冷却器 1号屋顶式 组合空调机组	（1）安装在设备本体上醒目处，面向主巡视检查线路； （2）标明设备名称、编号
10	控制箱、端子箱标志牌	500kV ××线 5031 断路器端子箱	（1）安装在设备本体上醒目处，面向主巡视检查线路； （2）标明设备名称、编号
11	接地闸刀标志牌	500kV ××线 503147 接地闸刀 A相 500kV × × 线 503147	（1）安装于接地闸刀操作机构上方100mm处； （2）标志牌应面向操作人员； （3）标明设备电压等级、名称、编号、相别

续表

序号	名称	图形标志示例	设置范围和地点
12	控制、保护、直流、通信等盘柜标志牌		（1）安装于盘柜前后顶部门楣处； （2）标明设备电压等级、名称、编号
13	室外线路出线间隔标志牌		（1）安装于线路出线间隔龙门架下方或相对应围墙墙壁上； （2）标明电压等级、名称、编号、相别
14	敞开式母线标志牌		（1）室外敞开式布置母线，母线标志牌安装于母线两端头正下方支架上，背向母线； （2）室内敞开式布置母线，母线标志牌安装于母线端部对应墙壁上； （3）标明电压等级、名称、编号、相序
15	封闭式母线标志牌		（1）GIS 设备封闭母线，母线标志牌按照实际相序排列位置，安装于母线筒端部； （2）高压开关柜母线标志牌安装于开关柜端部对应母线位置的柜壁上； （3）标明电压等级、名称、编号、相序
16	室内出线穿墙套管标志牌		（1）安装于出线穿墙套管内、外墙处； （2）标明出线线路电压等级、名称、编号、相序
17	熔断器、交（直）流开关标志牌	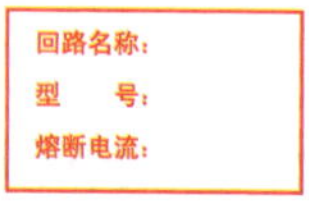	（1）悬挂在二次屏中的熔断器、交（直）流开关处； （2）标明回路名称、型号、额定电流
18	避雷针标志牌		（1）安装于避雷针距地面 1.5m 处； （2）标明设备名称、编号
19	明敷接地体	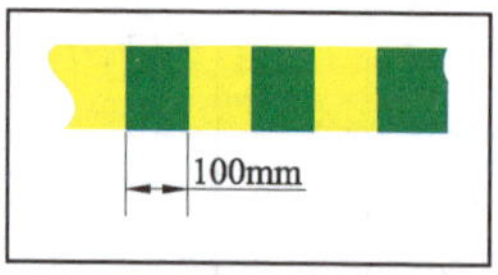	全部设备的接地装置（外露部分）应涂宽度相等的黄绿相间条纹。间距以 100～150mm 为宜
20	地线接地端（临时接地线）		固定于设备压接型地线的接地端

续表

序号	名称	图形标志示例	设置范围和地点
21	低压电源箱标志牌		（1）安装于各类低压电源箱上的醒目位置； （2）标明设备名称及用途

第三节　安全警示线

安全警示线用于界定和分割危险区域，向人们传递某种注意或警告的信息，以避免人身伤害。安全警示线包括禁止阻塞线、减速提示线、安全警戒线、防止碰头线、防止绊跤线、防止踏空线、生产通道边缘警戒线和设备区巡视路线。安全警示线一般采用黄色或与对比色（黑色）同时使用。

安全警示线名称、图形标志示例及设置规范见表 5-8。

表 5-8　　　　安全警示线名称、图形标志示例及设置规范

序号	名称	图形标志示例	设置范围和地点
1	禁止阻塞线		（1）标注在地下设施入口盖板上； （2）标注在主控制室、继电保护室门内外；消防器材存放处；防火重点部位进出通道； （3）标注在通道旁边的配电柜前（800mm）； （4）标注在其他禁止阻塞的物体前
2	减速提示线		标注在变电站站内道路的弯道、交叉路口和变电站进站入口等限速区域的入口处
3	安全警戒线		（1）设置在控制屏（台）、保护屏、配电屏和高压开关柜等设备周围； （2）安全警戒线至屏面的距离宜为 300～800mm，可根据实际情况进行调整

续表

序号	名称	图形标志示例	设置范围和地点
4	防止碰头线		标注在人行通道高度小于1.8m的障碍物上
5	防止绊跤线	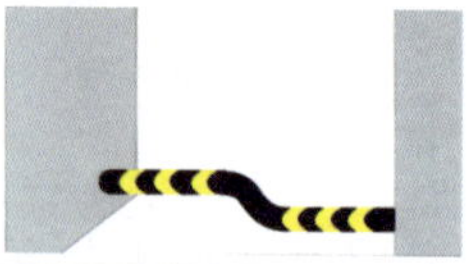	（1）标注在人行横道地面上高差 300mm以上的管线或其他障碍物上； （2）采用45°间隔斜线（黄/黑）排列进行标注
6	防止踏空线	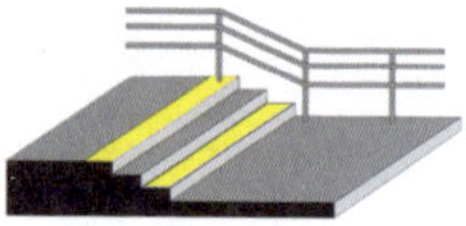	（1）标注在上下楼梯第一级台阶上； （2）标注在人行通道高差300mm以上的边缘处
7	生产通道边缘警戒线		（1）标注在生产通道两侧； （2）为保证夜间可见性，宜采用道路反光漆或强力荧光油漆进行涂刷
8	设备区巡视路线		标注在变电站室内外设备区道路或电缆沟盖板上

第四节　安全防护设施

安全防护设施是指防止外因引发的人身伤害、设备损坏而配置的防护装置和用具。安全防护设施包括安全帽、安全工器具柜室、安全工器具试验合格证标志牌、固定防护遮栏、区域隔离遮栏、临时遮栏（围栏）、红布幔、孔洞盖板、爬梯遮栏门、防小动物挡板、防误闭锁解锁钥匙箱等设施和用具。工作人员进入生产现场，应根据作业环境中所存在的危险因素，穿戴或使用必要的防护用品。

安全防护设施名称、图形标志示例及配置规范见表 5–9。

表 5–9　　　安全防护设施名称、图形标志示例及配置规范

序号	名称	图形标志示例	设置范围和地点
1	安全帽	 安全帽背面	（1）安全帽用于作业人员头部防护。任何人进入生产现场（办公室、主控制室、值班室和检修班组室除外），应正确佩戴安全帽； （2）安全帽应符合 GB 2811—2019《头部防护　安全帽》的规定； （3）安全帽前面有国家电网公司标志，后面为单位名称及编号，并按编号定置存放； （4）安全帽实行分色管理。红色安全帽为管理人员使用，黄色安全帽为运维人员使用，蓝色安全帽为检修（施工、试验等）人员使用，白色安全帽为外来参观人员使用
2	安全工器具柜（室）		（1）变电站应配备足量的专用安全工器具柜； （2）安全工器具柜应满足国家、行业标准及产品说明书关于保管和存放的要求； （3）安全工器具室（柜）宜具有温度、湿度监控功能，满足温度为 –15～35℃、相对湿度为 80%以下，保持干燥通风的基本要求
3	安全工器具试验合格证标志牌	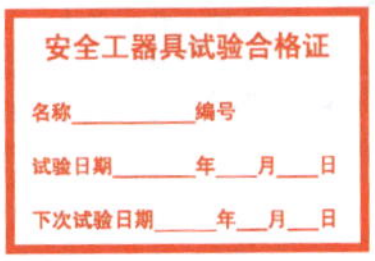	（1）安全工器具试验合格证标志牌贴在经试验合格的安全工器具醒目处； （2）安全工器具试验合格证标志牌可采用粘贴力强的不干胶制作，规格为 60mm × 40mm
4	接地线标志牌及接地线存放地点标志牌	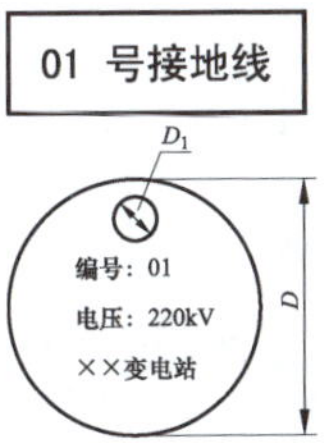	（1）接地线标志牌固定在接地线接地端线夹上； （2）接地线标志牌应采用不锈钢板或其他金属材料制成，厚度 1.0mm； （3）接地线标志牌尺寸为 D=30～50mm，D_1=2.0～3.0mm； （4）接地线存放地点标志牌应固定在接地线存放醒目位置

续表

序号	名称	图形标志示例	设置范围和地点
5	固定防护遮栏		（1）固定防护遮栏适用于落地安装的高压设备周围及生产现场平台、人行通道、升降口、大小坑洞、楼梯等有坠落危险的场所； （2）用于设备周围的遮栏高度不低于1700mm，设置供工作人员出入的门并上锁；防坠落遮栏高度不低于1050mm，并装设不低于100mm的护板； （3）固定遮栏上应悬挂安全标志，位置根据实际情况而定； （4）固定遮栏及防护栏杆、斜梯应符合规定，其强度和间隙满足防护要求； （5）检修期间需将栏杆拆除时，应装设临时遮栏，并在检修工作结束后将栏杆立即恢复
6	区域隔离遮栏	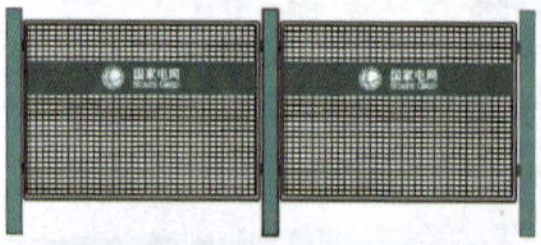	（1）区域隔离遮栏适用于设备区与生活区的隔离、设备区间的隔离、改（扩）建施工现场与设备运行区域的隔离，也可装设在人员活动密集场所周围； （2）区域隔离遮栏应采用不锈钢或塑钢等材料制作，高度不低于1050mm，其强度和间隙满足防护要求
7	临时遮栏（围栏）		（1）临时遮栏（围栏）适用于下列场所： 1）有可能高处落物的场所； 2）作业现场与运行设备的隔离； 3）作业现场规范工作人员活动范围； 4）作业现场安全通道； 5）作业现场临时起吊场地； 6）防止其他人员靠近的高压试验场所； 7）安全通道或沿平台等边缘部位，因检修拆除常设栏杆的场所； 8）事故现场保护； 9）需临时打开的平台、地沟、孔洞盖板周围等。 （2）临时遮栏（围栏）应采用满足安全、防护要求的材料制作。有绝缘要求的临时遮栏应采用干燥木材、橡胶或其他坚韧绝缘材料制成。

续表

序号	名称	图形标志示例	设置范围和地点
7	临时遮栏（围栏）	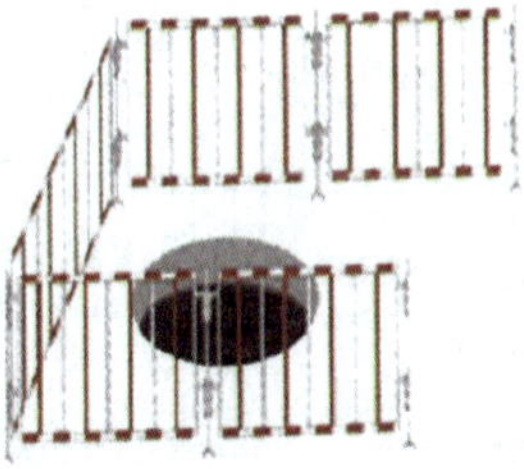	（3）临时遮栏（围栏）高度为 1050～1200mm，防坠落遮栏应在下部装设不低于 180mm 高的挡脚板。 （4）临时遮栏（围栏）强度和间隙应满足防护要求，装设应牢固可靠。 （5）临时遮栏（围栏）应悬挂安全标志，位置根据实际情况而定
8	红布幔		（1）红布幔适用于变电站二次系统上进行工作时，将检修设备与运行设备前后以明显的标志隔开； （2）红布幔尺寸一般为 2400mm×800mm、1200mm×800mm、650mm×120mm，也可根据现场实际情况制作； （3）红布幔上印有运行设备字样，白色黑体字，布幔上下或左右两端设有绝缘隔离的磁铁或挂钩
9	孔洞盖板	 覆盖式  镶嵌式	（1）适用于生产现场需打开的孔洞； （2）孔洞盖板均应为防滑板，且应覆以与地面齐平的坚固的有限位的盖板。盖板边缘应大于孔洞边缘 100mm，限位块与孔洞边缘距离不得大于 25～30mm，网络板孔眼不应大于 50×50mm； （3）在检修工作中如需将盖板取下，应设临时围栏。临时打开的孔洞，施工结束后应立即恢复原状，夜间不能恢复的，应加装警示红灯； （4）孔洞盖板可制成与现场孔洞互相配合的矩形、正方形、圆形等形状，选用镶嵌式、覆盖式，并在其表面涂刷 45° 黄黑相间的等宽条纹，宽度宜为 50～100mm； （5）盖板拉手可做成活动式，便于钩起
10	爬梯遮栏门		（1）应在禁止攀登的设备、构架爬梯上安装爬梯遮栏门，并予编号； （2）爬梯遮栏门为整体不锈钢或铝合金板门，其高度应大于工作人员的跨步长度，宜设置为 800mm 左右，宽度应与爬梯保持一致； （3）在爬梯遮栏门正门应装设“禁止攀登　高压危险”的标志牌

续表

序号	名称	图形标志示例	设置范围和地点
11	防小动物挡板		（1）在各配电装置室、电缆室、通信室、蓄电池室、主控制室和继电保护室等出入口处，应装设防小动物挡板，以防止小动物短路故障引发的电气事故； （2）防小动物挡板宜采用不锈钢、铝合金等不易生锈、变形的材料制作，高度应不低于 400mm，其上部应设有 45° 黑黄相间色斜条防止绊跤线标志，标志线宽宜为 50～100mm
12	防误闭锁解锁钥匙箱	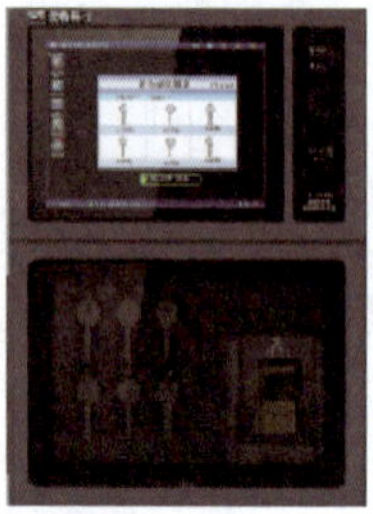	（1）防误闭锁解锁钥匙箱是将解锁钥匙存放其中并加封，根据规定执行手续后使用； （2）防误闭锁解锁钥匙箱应具有信息化授权方式，应具备自动记录、钥匙定置管理、强制管控（通过授权开启）等功能； （3）防误闭锁解锁钥匙箱应配置在变电站内
13	防毒面具和正压式消防空气呼吸器	 过滤式防毒面具  正压式消防空气呼吸器	（1）变电站应按规定配备防毒面具和正压式消防空气呼吸器； （2）过滤式防毒面具是在有氧环境中使用的呼吸器； （3）过滤式防毒面具应符合 GB 2890—2009《呼吸防护自吸过滤式防毒面具》的规定。使用时，空气中氧气浓度不低于 18%，温度为 -30～45℃，且不能用于槽、罐等密闭容器环境； （4）过滤式防毒面具的过滤剂有一定的使用时间，一般为 30～100min。过滤剂失去过滤作用（面具内有特殊气味）时，应及时更换； （5）过滤式防毒面具应存放在干燥、通风，无酸、碱、溶剂等物质的库房内，严禁重压。防毒面具的滤毒罐（盒）的储存期为 5 年（3 年），过期产品应经检验合格后方可使用； （6）正压式消防空气呼吸器是用于无氧环境中的呼吸器； （7）正压式消防空气呼吸器应符合 GA 124—2013《正压式消防空气呼吸器》的规定； （8）正压式消防空气呼吸器在储存时应装入包装箱内，避免长时间曝晒，不能与油、酸、碱或其他有害物质共同储存，严禁重压

第六章

典型违章举例与事故案例分析

第一节 典型违章举例

一、违章的定义及分类

违章是指在生产活动过程中，违反国家和电力行业安全生产法律法规、规程标准，违反公司安全生产规章制度、反事故措施、安全管理要求等，可能对人身、电网、设备和网络信息构成危害并容易诱发事故的管理的不安全作为、人的不安全行为、物的不安全状态和环境的不安全因素。

（1）按照违章类型，分为管理违章、行为违章和装置违章三类。

1）管理违章是指各级领导、管理人员不履行岗位安全职责，不落实安全管理要求，不健全安全规章制度，不执行安全规章制度等的不安全行为。

2）行为违章是指现场作业人员在电力建设、运维检修和营销服务等生产活动过程中，违反保证安全的规程、规定、制度和反事故措施等的不安全行为。

3）装置违章是指生产设备、设施、环境和作业使用的工器具及安全防护用品不满足规程、规定、标准、反事故措施等要求，不能可靠保证人身、电网、设备和网络信息安全的不安全状态和因素。

（2）按照违章的性质、情节及可能造成的后果，分为严重违章和一般违章两级进行管控。严重违章分为三类，按照严重程度由高至低分别为：

1）Ⅰ类严重违章，主要包括违反新《安全生产法》《刑法》“十不干”等要求的管理和行为违章。

2）Ⅱ类严重违章，主要包括国家电网公司系统近年安全事故（事件）暴露出的管理和行为违章。

3）Ⅲ类严重违章，主要包括安全风险高、易造成安全事故（事件）的管理和行为违章。

（3）安全事故（事件）暴露出的违章问题，不在已发布严重违章清单之内的，追加为严重违章，快报（通报）发布之日起生效。导致负有责任事故发生的违章纳入Ⅰ类严重违章；导致负有责任事件发生的违章纳入Ⅱ类严重违章。

二、国家电网公司安全生产典型严重违章

1. Ⅰ类严重违章

（1）无日计划作业，或实际作业内容与日计划不符。

（2）存在重大事故隐患而不排除，冒险组织作业；存在重大事故隐患被要求停止施工、停止使用有关设备、设施、场所或者立即采取排除危险的整改措施，而未执行的。

（3）建设单位将工程发包给个人或不具有相应资质的单位。

（4）使用达到报废标准的或超出检验期的安全工器具。

（5）工作负责人（作业负责人、专责监护人）不在现场，或劳务分包人员担任工作负责人（作业负责人）。

（6）未经工作许可（包括在客户侧工作时，未获客户许可），即开始工作。

（7）无票（包括作业票、工作票及分票、操作票、动火票等）工作、无令操作。

（8）作业人员不清楚工作任务、危险点。

（9）超出作业范围未经审批。

（10）作业点未在接地保护范围。

（11）漏挂接地线或漏合接地刀闸。

（12）组立杆塔、撤杆、撤线或紧线前未按规定采取防倒杆塔措施；架线施工前，未紧固地脚螺栓。

（13）高处作业、攀登或转移作业位置时失去保护。

（14）有限空间作业未执行“先通风、再检测、后作业”要求；未正确设置监护人；未配置或不正确使用安全防护装备、应急救援装备。

（15）牵引过程中，牵引机、张力机进出口前方有人通过。

2. Ⅱ类严重违章

（1）未及时传达学习国家、国家电网公司安全工作部署，未及时开展国家电网公司系统安全事故（事件）通报学习、安全日活动等。

（2）安全生产巡查通报的问题未组织整改或整改不到位的。

（3）针对国家电网公司通报的安全事故事件、要求开展的隐患排查，未举一反三组织排查；未建立隐患排查标准，分层分级组织排查的。

（4）承包单位将其承包的全部工程转给其他单位或个人施工；承包单位将其承包的全部工程肢解以后，以分包的名义分别转给其他单位或个人施工。

（5）施工总承包单位或专业承包单位未派驻项目负责人、技术负责人、质量管理负责人、安全管理负责人等主要管理人员；合同约定由承包单位负责采购的主要建筑材料、构配件及工程设备或租赁的施工机械设备，由其他单位或个人采购、租赁。

（6）没有资质的单位或个人借用其他施工单位的资质承揽工程；有资质的施工单位相互借用资质承揽工程。

（7）拉线、地锚、索道投入使用前未计算校核受力情况。

（8）拉线、地锚、索道投入使用前未开展验收；组塔架线前未对地脚螺栓开展验收；验收不合格，未整改并重新验收合格即投入使用。

（9）未按照要求开展电网风险评估，及时发布电网风险预警、落实有效的风险管控措施。

（10）特高压换流站工程启动调试阶段，建设、施工、运维等单位责任界面不清晰，设备主人不明确，预试、交接、验收等环节工作未履行。

（11）约时停、送电；带电作业约时停用或恢复重合闸。

（12）未按要求开展网络安全等级保护定级、备案和测评工作。

（13）电力监控系统中横纵向网络边界防护设备缺失。

（14）货运索道载人。

（15）超允许起重量起吊。

（16）采用正装法组立超过 30m 的悬浮抱杆。

（17）紧断线平移导线挂线作业未采取交替平移子导线的方式。

（18）在带电设备附近作业前未计算校核安全距离；作业安全距离不够且未采取有效措施。

（19）乘坐船舶或水上作业超载，或不使用救生装备。

（20）在电容性设备检修前未放电并接地，或结束后未充分放电；高压试验变更接线或试验结束时未将升压设备的高压部分放电、短路接地。

（21）擅自开启高压开关柜门、检修小窗，擅自移动绝缘挡板。

（22）在带电设备周围使用钢卷尺、金属梯等禁止使用的工器具。

（23）倒闸操作前不核对设备名称、编号、位置，不执行监护复诵制度，或操作时漏项、跳项。

（24）倒闸操作中不按规定检查设备实际位置，不确认设备操作到位情况。

（25）在继保屏上作业时，运行设备与检修设备无明显标志隔开，或在保护盘上或附近进行振动较大的工作时，未采取防掉闸的安全措施。

（26）防误闭锁装置功能不完善，未按要求投入运行。

（27）随意解除闭锁装置，或擅自使用解锁工具（钥匙）。

（28）继电保护、直流控保、稳控装置等定值计算、调试错误，误动、误碰、误（漏）接线。

（29）在运行站内使用吊车、高空作业车、挖掘机等大型机械开展作业，未经设备运维单位批准即改变施工方案规定的工作内容、工作方式等。

（30）两个及以上专业、单位参与的改造、扩建、检修等综合性作业，未成立由上级单位领导任组长，相关部门、单位参加的现场作业风险管控协调组；现场作业风险管控协调组未常驻现场督导和协调风险管控工作。

3. Ⅲ类严重违章

（1）承包单位将其承包的工程分包给个人；施工总承包单位或专业承包单位将工程分包给不具备相应资质的单位。

（2）施工总承包单位将施工总承包合同范围内工程主体结构的施工分包给其他单位；专业分包单位将其承包的专业工程中非劳务作业部分再分包；劳务分包单位将其承包的劳务再分包。

（3）承发包双方未依法签订安全协议，未明确双方应承担的安全责任。

（4）将高风险作业定级为低风险。

（5）跨越带电线路展放导（地）线作业，未采取跨越架、封网等安全措施均。

（6）违规使用没有“一书一签”（化学品安全技术说明书、化学品安全标签）的危险化学品。

（7）现场规程没有每年进行一次复查、修订并书面通知有关人员；不需修订的情况下，未由复查人、审核人、批准人签署可以继续执行的书面文件并通知有关人员。

（8）现场作业人员未经安全准入考试并合格；新进、转岗和离岗 3 个月以上电气作业人员，未经专门安全教育培训并经考试合格上岗。

（9）不具备“三种人”资格的人员担任工作票签发人、工作负责人或许可人。

（10）特种设备作业人员、特种作业人员、危险化学品从业人员未依法取得资格证书。

（11）特种设备未依法取得使用登记证书、未经定期检验或检验不合格。

（12）自制施工工器具未经检测试验合格。

（13）金属封闭式开关设备未按照国家、行业标准设计制造压力释放通道。

（14）设备无双重名称，或名称及编号不唯一、不正确、不清晰。

（15）高压配电装置带电部分对地距离不满足且未采取措施。

（16）电化学储能电站电池管理系统、消防灭火系统、可燃气体报警装置、通风装置未达到设计要求或故障失效。

（17）网络边界未按要求部署安全防护设备并定期进行特征库升级。

（18）高边坡施工未按要求设置安全防护设施；对不良地质构造的高边坡，未按设计要求采取锚喷或加固等支护措施。

（19）平衡挂线时，在同一相邻耐张段的同相导线上进行其他作业。

（20）未经批准，擅自将自动灭火装置、火灾自动报警装置退出运行。

（21）票面（包括作业票、工作票及分票、动火票等）缺少工作负责人、工作班成员签字等关键内容。

（22）重要工序、关键环节作业未按施工方案或规定程序开展作业；作业人员未经批准擅自改变已设置的安全措施。

（23）货运索道超载使用。

（24）作业人员擅自穿、跨越安全围栏、安全警戒线。

（25）起吊或牵引过程中，受力钢丝绳周围、上下方、内角侧和起吊物下面，有人逗留或通过。

（26）使用金具 U 型环代替卸扣；使用普通材料的螺栓取代卸扣销轴。

（27）放线区段有跨越、平行输电线路时，导（地）线或牵引绳未采取接地措施。

（28）耐张塔挂线前，未使用导体将耐张绝缘子串短接。

（29）在易燃易爆或禁火区域携带火种、使用明火、吸烟；未采取防火等安全措施在易燃物品上方进行焊接，下方无监护人。

（30）动火作业前，未将盛有或盛过易燃易爆等化学危险物品的容器、设备、管道等生产、储存装置与生产系统隔离，未清洗置换，未检测可燃气体（蒸气）含量，或可燃气体（蒸气）含量不合格即动火作业。

（31）动火作业前，未清除动火现场及周围的易燃物品。

（32）生产和施工场所未按规定配备消防器材或配备不合格的消防器材。

（33）作业现场违规存放民用爆炸物品。

（34）擅自倾倒、堆放、丢弃或遗撒危险化学品。

（35）带负荷断、接引线。

（36）电力线路设备拆除后，带电部分未处理。

（37）在互感器二次回路上工作，未采取防止电流互感器二次回路开路、电压互感器二次回路短路的措施。

（38）起重作业无专人指挥。

（39）高压业扩现场勘察未进行客户双签发；业扩报装设备未经验收，擅自接火送电。

（40）未按规定开展现场勘察或未留存勘察记录；工作票（作业票）签发人和工作负责人均未参加现场勘察。

（41）脚手架、跨越架未经验收合格即投入使用。

（42）对超过一定规模的危险性较大的分部分项工程（含大修、技改等项目），未组织编制专项施工方案（含安全技术措施），未按规定论证、审核、审批、交底及现场监督实施。

（43）三级及以上风险作业管理人员（含监理人员）未到岗到位进行管控。

（44）电力监控系统作业过程中，未经授权，接入非专用调试设备，或调试计算机接入外网。

（45）劳务分包单位自备施工机械设备或安全工器具。

（46）施工方案由劳务分包单位编制。

（47）监理单位、监理项目部、监理人员不履责。

（48）监理人员未经安全准入考试并合格；监理项目部关键岗位（总监、总监代表、安全监理、专业监理等）人员不具备相应资格；总监理工程师兼任工程数量超出规定允许数量。

（49）安全风险管控平台上的作业开工状态与实际不符；作业现场未布设与安全风险管控平台作业计划绑定的视频监控设备，或视频监控设备未开机、未拍摄现场作业内容。

（50）未在工作票上准确登录应拉断路器（开关）、应拉隔离开关（刀闸）、应拉熔断器、应合接地刀闸、作业现场装设的工作接地线信息；未按票面要求准确登录工作接地线的安装位置、编号、挂拆时间等信息。

（51）高压带电作业未穿戴绝缘手套等绝缘防护用具；高压带电断、接引线或带电断、接空载线路时未戴护目镜。

（52）汽车式起重机作业前未支好全部支腿；支腿未按规程要求加垫木。

（53）链条葫芦、手板葫芦、吊钩式滑车等装置的吊钩和起重作业使用的吊钩无防止脱钩的保险装置。

（54）绞磨、卷扬机放置不稳；锚固不可靠；受力前方有人；拉磨尾绳人员位于锚桩前面或站在绳圈内。

（55）导线高空锚线未设置二道保护措施。

（56）作业现场被查出一般违章后，未通过整改核查擅自恢复作业。

（57）领导干部和专业管理人员未履行到岗到位职责，相关人员应到位而不到位、应把关而不把关、到位后现场仍存在严重违章。

（58）安监部门、安全督查中心、安全督查队伍不履责，未按照分级全覆盖要求开展督查、本级督查后又被上级督察发现严重违章、未对停工现场执行复查或核查。

（59）作业现场视频监控终端无存储卡或不满足存储要求。

第二节　事故案例分析

【案例一】西藏电网“9·9”大面积停电

1. 事故综述

××年 9 月 9 日 20:43，拉萨电网羊湖电站至西郊变电站 110kV 输电线路（简称羊西线）因雷击跳闸，造成拉萨地区大面积停电的重大电网事故。20:43，羊西线双回线由于雷击故障同时跳闸，羊西线输送功率转移至环网线路，引起墨竹工卡电站至拉萨城东变电站线路断路器过流保护跳闸，拉萨地区电网与羊湖电站、日喀则电网、山南电网解列，拉萨地区电网失去约 53MW 的外部输送功率。电网安全自动装置动作切除 11 条 10kV 馈线，低频低压减载装置动作切除 20 条 10kV 馈线，共切除负荷 39MW，但全网有 17 条馈线低频低压减载装置达到启动定值但拒动（负荷 13.7MW）。由于拉萨地区电网仍存在 14MW 的功率缺额，缺额达 36.84%，引起电网频率、电压急剧下降，造成羊八井地热厂、纳金电厂、平措电厂相继解列，拉萨电网全网停电。事故发生后，调度部门按照事故处理预案进行事故处理和电网恢复。至 21:30，电网恢复正常运行方式，拉萨电网所有用户全部恢复供电。

2. 事故分析

羊湖至拉萨 110kV 双回路输电线路遭雷击发生单相接地故障是造成此次事故的直接原因，墨竹工卡变电站墨城线 042 断路器误动是造成此次事故扩大的主要原因，电网安全自动装置不完善和低周减载装置在电网事故情况下未能发挥应有作用，电网缺乏快速切除负荷手段是造成此次事故扩大的重要原因。

（1）电网结构薄弱，电源分布不合理，电网的受端网络缺乏有力的电源支持，主要用电负荷必须依靠远距离大功率传输。

（2）现场运行值班人员和调试人员执行调度命令不严格，没有认真、全面、准确、及时地执行调度下达的修改继电保护定值的命令。

（3）电网安全稳定运行的“第三道防线”措施不到位，在藏中电网环网投运后，在电网安全稳定控制装置不完善的情况下，没有及时调整低频减载方案，部分低频减载装置在事故中拒动。

（4）对雷击危害缺乏深入的分析和研究，缺乏有效的防范措施。

3. 防范措施

（1）加强对雷击危害的观测、分析和研究，从工程设计、施工、运行维护等各方面采取措施，提高电网的抗雷能力。

（2）加强继电保护管理，对继电保护装置进行全面的检查和校验，对全网的继电保护定值进行全面、认真的复核。

（3）严肃调度纪律，严格执行调度命令，做好电网运行中的“六复核”工作，确保电网安全稳定。

（4）深入分析电网现有安全稳定控制策略和安全稳定装置中存在的问题，完善安全稳定控制方案和措施，尽快落实与环网运行方式相适应的安全稳定控制和低频减载方案，保证“第三道防线”发挥有效作用。

（5）要吸取事故教训，狠抓设备的预试和消缺，加强事故隐患治理和防范措施落实，组织制订预防大电网事故的处理预案，抓好电网安全稳定运行的工作，对电网安全自动装置、继电保护装置与电网安全有直接关系的二次系统进行技术校核，保证相关参数满足电网安全稳定要求。

【案例二】华中电网“7·1”功率振荡

1. 事故综述

××年7月1日21时前后，华北华中联网系统河南电网内发生多条500kV和220kV中电网解列。20:48，500kV嵩郑Ⅱ线REL561保护中的电流差动保护动作，郑州变电站5033断路器、5032断路器跳闸，因郑州Ⅰ母配合牡郑线施工停工，带掉500kV郑祥线，跳闸后郑祥线由祥符侧充电运行。20:48:10，500kV嵩郑Ⅰ线郑州变电站REL561保护中的过负荷保护动作，郑州变电站5023断路器、5022断路器跳闸，因郑州Ⅰ母配合牡郑线施工停工，带掉500kV白郑线，跳闸后嵩郑Ⅰ线由嵩山侧充电运行，白郑线由白河侧充电运行。嵩山变电站安控未按既定策略发出切机信号。20:48～20:50，河南省调紧急停运小浪底水电厂、三门峡水电厂、三门峡火电厂等部分机组，同时豫西、豫北地区电厂快减出力；豫中、豫东、豫南地区电厂有功及无功出力带满；豫中东、豫南地区地调迅速拉限负荷，以消除线路过载。20:54～20:59，豫中东、豫南各地调按照事故拉闸序位表紧急拉限负荷，紧急停运驻马店天中变电站、漯河变电站等220kV变电站主变压器。20:59，豫西、豫中电网潮流、电压出现周期性摆动，电压水平急剧下降，系统出现振荡现象。20:59～21:03，豫西、豫中地区部分机组因定子过负荷保护、过流保护和失磁保护等继电保护动作相继跳闸。21:00，灵宝直流因电压降低而闭锁，华中电网与西北电网解列。21:03，华中电网与华北电网手动解列。21:02～21:07，河南省调紧急切除豫南地区部分负荷，直接下令停运淮阳、计山、邓州、薛坡等220kV变电站主变压器，振荡期间频率最低达49.1Hz左右，河南、湖北、江西、湖南等电网低频减载动作，切除负荷合计1600MW。21:04～21:07，江城直流功率由3000MW手动减至1500MW，龙政直流由3000MW手动减至2248MW。21:05，在采取了一系列切机切负荷措施后以及低频减载动作后，系统振荡逐渐平息。21:30，湖北、湖南、江西电网停供负荷全部恢复供电。23:20，河南电网基本恢复正常，停供负荷全部恢复供电。

2. 事故原因分析

事故前，郑州 500kV 变电站母线轮停以延长母线。6 月 26 日，郑州变电站 500kV Ⅰ母线停运。7 月 1 日，20:48，500kV 嵩郑Ⅱ线的 REL561 保护因装置故障引起误动，造成 500kV 嵩郑Ⅱ线跳闸，带掉同一串的郑祥线，系统形成 $N-2$ 故障；随即大量负荷转移至 500kV 嵩郑Ⅰ线。作为安全稳定的第一道防线，继电保护装置没有起到应有的作用。

500kV 嵩郑Ⅱ线保护误动作 10s 后，500kV 嵩郑Ⅰ线因过负荷保护误动，带掉同一串的白郑线，系统形成 $N-4$ 故障，使得豫中与豫北、豫西的 500kV 联络通道断开，潮流向同一断面的 220kV 线路转移，导致多回 220kV 线路过载。同样，作为安全稳定的第一道防线，继电保护装置没有起到应有的作用。

嵩山变电站安全稳定控制装置拒动是导致此次事故扩大的原因。本次事故中，嵩山变电站安控装置未能正确动作，快速及时切除豫西、豫北等送端地区机组负荷，作为第二道防线的安全稳定控制装置没有起到应有的作用。

3. 事故处理过程分析

事故发生后，电力调度处理及时、果断，措施有效。紧急停运部分发电机组，拉限负荷，维持电压水平，控制系统潮流，防止事故进一步扩大，成功地避免了一次电网大面积停电事故发生，主要表现在以下三点：

（1）调度判断准确，处置果断。事故发生后，国家电力调度中心、华中电力调度中心，特别是河南省电力调度中心判断准确，处置果断，指挥有效，迅速平息系统振荡，精心组织电网恢复和供电恢复，成功地避免了一次类似美加大停电的电网瓦解和大面积停电事故发生。

（2）应急预案发挥了重要作用。河南省电力公司按照《国家处置电网大面积停电事件应急预案》等应急管理的要求，认真组织编制了各级、各类应急预案。特别是针对豫北—豫中、豫西—豫中 500kV 断面是华中电网薄弱环节的具体情况，对嵩山至郑州第一、二回线路同时跳闸曾专门组织过预案演练，使调度值班员在面对突发事故时能沉着应对、正确处置，防止了事故的进一步扩大。

（3）厂网密切配合，为事故处理提供保障、创造条件。各发电厂在事故处理过程中以高度的责任感密切配合电网企业，严格执行调度命令，全力协助事故处理，反应迅速，及时启停机组，调整负荷，为事故处理赢得了时间、创造了条件。

【案例三】陕西电网“12·25”渭南变电站全停

1. 事故综述

××年 12 月 25 日，陕西关中北部大雾弥漫，能见度只有 7～8m，西北电网 330kV 渭南变电站两条母线相继跳闸，联切所有 330kV 出线及主变压器，造成电网主要断面严重超稳定运行，损失负荷约 80MW。尽管此次事故减供负荷不多，但前后共有六回 330kV 线路跳闸，一座 330kV 变电站的两条 330kV 母线失压，网调下达紧急事故调度指令达 30 多条，是西北电网近几年来发生的最大一次电网事故，也是最难处理的一次事故。

事故发生后，西北网调立即令陕西省调迅速降低韩城一、二厂出力，减小韩金线潮流；令安康紧急开启 3 台机，降低寨南双回线潮流；令渭河二厂出力带满，令陕西增加除韩城一、二厂外其他电厂出力，令甘肃将平凉电厂出力减 300MW，以抵消韩金线可能跳闸造成的西电东送超稳定和平眉双回线不满足 $N-1$ 要求的影响。9:21 寨南双回线及韩金线等主网各主要联络线潮流控制在稳定极限范围内，事故后的重载情况得到了有效控制。10:02 网调准备在东郊侧对东渭Ⅰ线及渭南 3320 断路器靠Ⅰ、Ⅱ母所接引线充电，以验证渭南 3320 断路器靠Ⅰ、Ⅱ母所接引线是否存在故障。但是，此时事故又有新情况，10:05 渭北Ⅱ线 B 相跳闸，北郊侧重合成功。渭南侧 330kVⅡ母 B 相故障跳闸，切除Ⅱ母所联北渭Ⅱ线及 2 号变压器，渭南变电站 330kV 母线失压。网调立即下令将渭南变损失负荷倒至其他厂站供电。因渭南 330kV 母线失压，10:38 网调下令渭南变电站 330kVⅠ、Ⅱ母热备用转冷备用。渭南变电站 330kVⅠ、Ⅱ母所接元件较多，各个“T”接部分均有故障的可能，考虑渭南变电站为 GIS 封闭设备，故障原因短时间内无法检查出来，为避免因渭南变电站事故没有及时恢复，造成晚高峰韩城一、二厂出力无法送出，全网用电紧张，被迫限电的局面，网调在全盘分析考虑，排除渭南变电站最可能的故障点后，决定对渭南变电站各个“T”接部分逐次充电，尽快将非故障元件恢复运行。11:04 网调用东郊变电站 3351 断路器对 3884 东渭Ⅰ线及渭南变电站 330kVⅡ母充电正常，证明渭南变电站 330kVⅡ母及渭东Ⅰ线“T”接部分无故障。随后将该断路器断开。

11:27 网调用东郊变电站 3351 断路器对 3884 东渭Ⅰ线及渭南 330kVⅡ母与渭北Ⅰ、渭高、渭禹Ⅰ线、330kV 1 号变压器、2 号变压器间“T”接引线充电。充电失败，东郊侧东渭Ⅰ线 CSL－101A 保护动作出口，显示 B 相故障。可以初步判断以上“T”接引线可能存在故障。12:26 网调用北郊 3331 开关对 3866 北渭Ⅰ线及渭南 330kVⅡ母与渭北Ⅰ、渭高、330kV 2 号变压器间引线充电正常。结合上次充电和保护动作情况，判断 330kV 1 号变压器“T”接部分可能存在故障。12:38，3884 渭东Ⅰ线 3320 断路器同期合环正常，渭北Ⅰ线与渭东Ⅰ线实现合环运行。随后渭高线、渭南 2 号变压器和渭禹Ⅰ线在渭南变电站 330kVⅡ母恢复正常运行。14:54 用北郊变电站 3342 断路器对北渭Ⅱ线、渭南Ⅰ母充电。充电失败，判定渭南Ⅰ母存在故障。15:51 渭北Ⅱ线在渭南 330kVⅡ母同期合环。16:02 渭南 330kVⅠ母转冷备用。16:17，30kV 禹渭Ⅱ线转检修处理 440 号杆绝缘子闪络，22:44 处理正常，恢复至渭南 330kVⅡ母运行。至此，渭南变电站除 330kV 1 号变压器及Ⅰ母冷备用检查外，其他所有元件在Ⅱ母运行，事故处理完毕。

2. 事故原因分析

330kV 禹渭Ⅰ线玻璃绝缘子抗雾闪能力差，440 号杆塔绝缘子闪落造成线路跳闸，是本次事故的起因。渭南变电站 330kVⅠ、Ⅱ段母线 G1S 内部绝缘部件制造和安装存在缺陷，不满足外部过电压要求，造成事故扩大。

3. 事故处理过程分析

本次事故发生后，调度员对于电网运行方式的调整正确无误，考虑到动作出口的保护为部医 1 线两套主保护，母线两套母差保护分别动作跳并Ⅰ、Ⅱ母，网调调度员通过保护出口的时间和动作情况判断出故障点在潮属Ⅱ线和某一“T”型接线上，随后通过对南变电站各个“T”接部分逐次充电，尽快将非故障元件恢复运行，处理过程合理、迅速。对于充电次序，由于 GIS 双母线设备的特殊性，无法直观看到内部故障，因此通过保护动作情况进行判断后，可采用逐段充电的方法对母线、母联隔离开关、元件“T”接部分一一进行故障排除，发现故障点后及时隔离，并继续进行充电，这种方法步骤明晰、稳妥，但需要逐个验证，较为耗时。也可以采用“分半法”，即将待充电验证的部分总数的一半先充电，再对另一半充电，对于充电失败的部分再采取分半法，直至找到故障点，这样能缩短故障点查找时间。

【案例四】华中电网“7·23”500kV 三龙Ⅱ、Ⅰ线相继跳闸

1. 事故综述

××年 7 月 23 日 14:04，三峡左一电厂出线 500kV 三龙Ⅱ回线因 B、C 相间故障跳闸；随后 14:25，又发生 500kV 三龙Ⅰ回线 A、B 相间故障跳闸，三龙Ⅰ回线跳闸时稳控装置动作切除三峡三台机（出力共 1950MW），系统频率从 49.982Hz 降至 49.88Hz，三峡左一电厂 3800MW 出力受阻。事故发生后，在国家电力调度控制中心（后简称国调）的统一指挥下，华中电网网调、省调密切配合，事故得到迅速正确地处理，15:45 系统恢复到故障前正常运行方式，事故未造成用电负荷损失。14:04，500kV 三龙Ⅱ回线跳闸，三龙Ⅰ、Ⅲ回线每条线的功率达到 2600MW。线路跳闸后，华中网调立即下令清江梯调事故开水布垭水电厂两台机，并增加直调电厂机组出力，配合国调控制三龙断面功率不超过 4500MW。同时，立即下令河南、湖北、湖南、江西省调加出力共约 800MW 填补三峡出力受阻造成的功率缺额。14:20，500kV 三龙断面功率控制在 4500MW 以内，电网运行恢复正常。14:25，在三龙Ⅱ回线跳闸停运的方式下，500kV 三龙Ⅰ回线跳闸，三龙Ⅰ回线跳闸的同时稳控装置动作切除三峡 1、4、6 号机（出力共 1950MW），系统频率从 49.982Hz 降低至 49.88Hz。特高压联络线功率从北送 1220MW，变为南送最大值 590MW。由于切机，三峡左一电厂出力由 4500MW 突降到 2500MW。为控制 500kV 三龙Ⅲ回线不超过稳定限额，14:40，将左一电厂出力减到 1500MW。三峡左一电厂共受阻出力 3800MW。事故发生后，网调值班调度员立即下令水布垭水电厂、五强溪水电厂、三板溪水电厂事故开机并将出力加满；下令湖南、江西、湖北、河南省调事故加出力 2000MW；下令网调直调火电厂紧急加出力 400MW。与此同时，国调值班调度员紧急停运三峡 2、8 号机，控制三龙断面功率到 1500MW，并降低龙政直流功率至 1000MW。14:53，500kV 三龙Ⅰ回线强送成功；15:09，500kV 三龙Ⅱ回线强送成功；15:15，特高压联络线功率恢复原计划值；15:21，龙政直流开始升功率恢复原计划值；15:31，三峡左一机组先后恢复并网运行。三龙Ⅱ回线强送成功后，华中网调下令恢复省间联络线计划。经调整，至 15:45 左右，系统恢复正常。

2. 事故影响

(1) 本次事故造成三峡电力外送通道受阻，三峡左一电厂 3 台机组被切，

另有 2 台机组被迫停运，三峡左一电厂受阻出力共 3800MW；事故致使三龙Ⅰ、Ⅲ回线严重超稳定限额；另外，由于此次事故，三峡左一电厂结构变得非常薄弱，若三龙Ⅲ回线再因超热稳定极限而跳闸将造成三峡左一电厂 8 台机全部停运及 500kV 母线失压，并威胁厂用电安全，后果十分严重。

（2）华中电网出现大量功率缺额，华中、华北同步电网频率降低，频率（50±0.1）Hz 考核越限 2s。特高压联络线功率大幅波动，并出现功率反转。由于目前华中、华北仅通过一条 1000kV 特高压联络线联网运行，两大电网同属于弱连接，为保证两大电网及特高压设备的安全稳定运行，国调规定特高压联络线正常波动范围为±300MW，本次事故造成特高压联络线波动幅度超过 1810MW。

（3）在事故处理和恢复过程中，龙政直流和那豫、郭湘、鄂情省间联络线功率大幅变化，华中电网大量发电机组配合调整出力，对电网的安全稳定运行造成较大影响。

3. 事故分析

本次事故发生时，三峡电厂所在的宜昌地区为雷雨大风天气。后经巡线发现：500kV 三龙Ⅱ回线 56 号塔 B、C 相均压环遭雷击；500kV 三龙Ⅰ回线 82 号塔 B 相跳线与 A 相均环遭雷击。因重合闸装置均设置为单相重合闸，故相间故障重合闸不动作。

三峡近区系统的安危关系到华中电网乃至全国电网的安全稳定运行，三峡近区事故影响围大，事故处理需要国、网、省三级调度的密切配合。当年，三峡电厂已实现满发功率 18200MW，当三峡外送系统故障或其他故障导致电网大功率缺额时，必须充分发挥大电网优势，积极开展跨区、跨省事故支援。本次事故处理中，国调紧急停运三峡机组、压减三峡出力、降低龙政直流功率；华中网调紧急加水布垭、五强溪、三板溪等大型水电机组出力；河南、湖北、湖南、江西省调紧急加出力。由于鄂渝断面东送已清，四川、重庆未加出力。正是由于国、网、省三级调度密切配合、共同努力，本次事故造成的功率缺额在 15min 内就得到了补足。值得指出的是，在本次事故中，14:04 湖北 500kV 葛洲坝换流站、斗笠开关站第一时间汇报保护装置起动，为调度员锁定事故范围、查找事故源，及时处理事故发挥了重要的作用；同时，华中电网智能监视与预警系统和 WAMS 系统使调度员能第一时间获取事故信息，采取措施，避免因现场值班人员汇报不及时而导致事故影响扩大。

【案例五】青海电网“11·21”大石门变电站双母跳闸

1. 事故综述

××年 11 月 21 日，大石门变电站 330kV Ⅰ、Ⅱ母和 3310 断路器同时跳闸，联跳石龙Ⅱ线、石花线和 330kV 1 号变压器，石龙Ⅰ线带 330kV 2 号变压器运行。跳闸后，龙羊峡只通过龙源双回与主网相连，接线薄弱；大石门负荷只有单台主变压器供电，1 号变压器跳闸时大石门负荷约 280MW，事故后 2 号变压器重负荷，且方式薄弱。事故发生后，网调调度员首先考虑主网，通过 3312、3332 断路器将石龙Ⅱ线和石花线恢复环网，继而通过 3330 断路器恢复 330kV Ⅰ母，后通过 3321 断路器将石龙Ⅰ线与 2 号变压器与主网合环。具体过程如下：11:10，大石门变电站 160MW 负荷被倒至花园变电站，2 号变压器过负荷情况消除；14:50，330kV Ⅰ、Ⅱ WMZ-41B 母差保护退出运行；15:21，用 3312 开关对Ⅱ母充电正常；15:37，石龙Ⅱ线同期合环；16:01，用 3330 断路器对Ⅰ母充电正常；16:12，3321 断路器恢复运行；16:24，3322 断路器恢复运行；16:24，3322 断路器恢复运行；17:17，1 号变压器恢复正常方式；17:50，大石门变电站所带负荷倒至正常方式；19:36，3310 断路器转冷备用检查。

2. 事故原因分析

从现场收集到各种跳闸信息和检查情况来看，保护装置及二次回路不存在异常现象。跳闸发生时，大石门变电站直流系统发生严重异常。经过对各种记录的分析，由于保护装置及其他信息反复有规律动作和复归，排除了其他干扰的可能，可以认定当时有工频交流电压混入站用直流系统，进而导致二次系统有关的继电器经电缆对地电容感受到交变的动作电压作用，造成继电器反复动作。上述分析在西宁供电公司继电保护实验室得到了实验验证。经分析认为，由于工频交流窜入直流系统后，330kV Ⅰ、Ⅱ母 WMZ-41B 母差失灵保护在交变的干扰电压作用下，失灵开入重动继电器动作，导致母线侧断路器全部跳开。

从录波报告经分析认为：330kV3310 断路器 B 相跳闸回路由于感受到交变的干扰电压的作用，B 相断路器单相偷跳，重合闸重合成功，但由于此时干扰源未消失，B 相断路器重合后再次跳闸，后经就地三相不一致保护动作跳开本相。35kV52 断路器跳闸回路由于感受到交变的干扰电压的作用，断路器偷跳。分析收集到的各种信息，交流电窜入直流系统时间很短，然后自动消失。由于现场二次系统分布很广，近期作业点也较多，经过对所有可能的部位进行仔细查找，至今没有发现明确的窜入点。交流电窜入直流系统的直接原因需要进行进一步的分析和检查。

3. 事故处理过程分析

本次事故对主网的影响主要在龙羊峡送出只剩两条线，大石门单线直供，对负荷的影响则是大石门地区负荷只有单台主变压器供电，可靠性降低，针对此情况，调度员在处理中考虑全面，对重点同题的把握得当，首先恢复主网，进而恢复 2 号变压器的 3321 断路器，使大石门仅有的单台主变压器有两台断路器供电，提高了供电的可靠性。

值得一提的是，在讨论恢复方案的时候，调度员从不同的角度进行分析，提出了不同的方案：即先通过 3312 断路器对 330kV Ⅱ母充电，后通过 3322 断路器将石龙Ⅰ线与 330kV 2 号变压器与主网合环，进而恢复 3332 断路器，将石龙Ⅱ线与主网合环，最后恢复 330kV Ⅰ母，这种方案能较快恢复主网，使龙羊峡的送出得到保证，且使先合环的石龙Ⅰ线和石花线在大石门侧有一个接地点，对主变压器的双断路器供电较晚。对比这两种方案，第一种方案既考虑了事故对电网造成的影响，又考虑了对用户供电可靠性的影响，而第二种方案则考虑了主网恢复过程中主变接地点的因素和保护配合的影响，两种方案各有特点，值得学习。

【案例六】青海电网“6·27”曹家堡两台主变压器跳闸

1. 事故综述

6 月 27 日晚，青海部分地区突现雷雨大风天气。22:51，330kV 系统曹景Ⅰ线发生 C 相瞬时性接地故障，同期曹家堡变电站 1、2 号主变压器 CST-141B 微机差动保护动作，1、2 号主变压器中、低压侧跳闸，造成 6 座 110kV 变电站失电，损失负荷 78MW。22:51 景曹Ⅰ线 C 相两侧跳闸、景阳侧断路器重合成功，曹家堡 3311、3312 断路器及 1、2 号变压器中低压侧断路器跳闸。3310 重合成功，3312 未重合，3311 断路器跳闸，瞬时沟通三跳，失灵联跳，3312 断路器瞬时联跳，沟通三跳。曹家堡 1、2 号主变压器 CST-141B 微机差动保护装置动作，分别跳开主变压器中低压侧 81、82、51、52 断路器，高压侧断路器 3310 和 3320、3321 断路器未跳闸。同一时间，李曹Ⅰ线 C 相李家峡侧跳闸，李家峡侧断路器重合成功，雷雨天气。事故发生后，西北网调立即令现场检查一、二次设备情况，并根据保护和故障录波数据初步判断故障点处于曹景Ⅰ线线路。曹家堡2号主变压器高压侧断路器未跳闸，曹景Ⅰ线通过3310断路器带1号主变压器充电运行。0:50对曹家堡下令：同期合上30310曹景Ⅰ线3312断路器，0:50执行完毕，曹景Ⅰ线合环运行。0:52对3964李曹Ⅰ线两侧下令退出WXH801保护进行检查，3:25两侧均执行完毕。通知青海省调对李曹Ⅰ线、景曹Ⅰ线查线。事故处理同时，青海省调迅速恢复曹家堡1、2号主变压器中低压侧断路器跳闸损失负荷。0:53损失负荷全部恢复，事故处理完毕。

2. 事故原因分析

现场检查所有保护回路正确；电流互感器接线组别、极性正确；定值正确，模拟小于差动门槛数值的故障，保护装置不动作，按照主变压器录波数据模拟区外单相接地故障试验时装置动作（原理上不应该动作）。根据对设备检查情况、装置模拟试验和主变压器故障录波图及装置动作报文值综合分析，问题在保护装置的软件逻辑上。当该CST-141B保护装置设置为3卷3侧模式，软件判断出现异常，对进入装置的电流不进行校正，直接计算各相差流，导致差动保护动作。28日通知厂家派人来现场，技术人员到后，同样进行了以上检查过的项目，没有发现问题，对定值检查后也没有问题。技术人员电话和总部联系后，建议把3卷3侧模式下的定值改为3卷4侧模式下的定值，经对区外单相接地故障试验，装置不动作，模拟区内三相短路故障试验（高压侧），装置正确动作。分析证明该CST-141B及CST143B主变压器差动保护装置不能自动适应三卷三侧模式，装置仍然默认为三卷四侧模式，出现了整定模式与内部逻辑判断不一致问题，致使CST-141B主变压器差动保护装置误动作。曹家堡3312断路器三相跳闸原因为线路故障前3312断路器本体压力降低闭锁重合闸开入（信号）一直处于保持状态，并沟通三跳回路，因此线路故障保护动作后3312断路器直接三相跳闸。

3312断路器气体压力实际并没有降低而是处于正常状态，初步分析认为是气体压力降低闭锁重合闸的接点没有调试到位，验收时传动正常，而经过一段时间的外部温度变化该接点导通。运行人员见到“重合闸闭锁信息”后，检查断路器气压正常，信息复归后再未出见，所以认为是误发信息，导致该问题在线路故障前没有被发现。曹家堡3310、3320、3321断路器未跳闸原因为WGQ-871远跳装置存在100ms的周有延时，而线路故障在大约45ms时切除，对侧硝湾变差动保护远跳命令在线路故障切除后收回，故 310、3320、3321 断路器未跳闸。

3. 事故处理过程分析

本次事故发生后，调度员对于电网运行方式的调整正确无误。鉴于当时青海曹家保地区天气异常恶劣，值班人员无法进入保护小室调取事故后的二次信息，根据一次设备动作情况对故障点位置的准确判断显得尤为关键。根据李曹Ⅰ线仅 WXH801 保护动作出口，李侧断路器动作可判断该保护为误动作，因此将该保护退出检查，避免再次误动给系统带来冲击。曹景Ⅰ线带 1 号主变压器空充电，与系统解环，同期合上 3312 断路器恢复了主网正常接线方式。曹家保 3311 断路器三相跳闸属于异常，因此维持该断路器热备用状态待专业人员检查。1、2 号主变压器高压侧断路器充电状态，主变压器本体无故障，损失负荷可逐步恢复。

【案例七】甘肃电网“3·15”雨雪引发多条 330kV 线路跳闸

1. 事故综述

××年 3 月 15 日，西北部分地区遭受恶劣雨雪天气影响，甘肃兰州地区尤为严重，导致甘肃电网多条线路相继跳闸，并重合成功，电网安全形势面临重大考验。由于西北网调措施得力，提前做好了应对恶劣天气的各项工作，制订了详细的防范应对措施，使得电网经受住了考验，保证了“两会”期间的安全供电。8:55，220kV 龚桃线连续两次跳闸，均重合成功。8:55，220kV 龚家湾变电站 1 号主变压器差动保护动作跳闸，23:14 恢复运行。10:02，220kV 龚家湾变电站 220kV 乙母母差保护动作跳乙母所带断路器；10:41。乙母线在第一次跳闸后试送成功发生第二次跳闸，16:15 恢复运行。10:02，220kV 刘龚Ⅱ线跳闸，重合成功；10:41 线路再次跳闸，重合成功。12:32，330kV 和银Ⅱ线 C 相跳闸，重合成功。12:34，330kV 新庄变电站 2 号主变压器差动保护动作，三侧断路器跳闸。12:53，330kV 和东Ⅲ线 C 相跳闸，重合成功。12:54，330kV 海新Ⅰ线 C 相跳闸，重合成功。13:01、13:03，330kV 和东Ⅲ线跳闸两次，均为 A 相跳闸，重合成功。13:06，330kV 和东Ⅱ线 A 相跳闸，重合成功。13:12，330kV 靖银Ⅰ线 B 相跳闸，重合成功。事故发生后，网调迅速调整全网电厂出力，尽量降低事故地区输电线路潮流，保持各地区发、供电平衡，同时积极了解各事故单位一、二次设备动作情况，分析事故可能发生的原因及影响，下令甘肃省调立即安排对跳闸线路的查线。各相关单位，迅速展开查线及设备检查工作，结果如下：

（1）330kV 和银Ⅱ线 136 号塔 C 相绝缘子串下均压环对上均压环放电，有明显放电痕迹，不影响线路运行。

（2）330kV 和东Ⅲ线 22 号塔 A、B、C 三相合成绝缘子上均压环都有烧伤放电痕迹，不影响线路运行。

（3）330kV 和东Ⅱ线 76 号塔 A 相合成绝缘子上均压环有烧伤放电痕迹，不影响线路运行。

（4）330kV 靖银Ⅰ线 158 号杆左侧接地连接板与塔身连接处有轻微放电痕迹，不影响线路运行。

（5）330kV 海新Ⅰ线避雷器 C 相有瞬时放电痕迹，不影响线路运行。

（6）330kV 新庄变电站 2 号变压器跳闸原因为 33102、33121 隔离开关共用瓷柱 B 相闪络。17 日 2:04 新庄 2 号变压器处理正常转运行。

2. 事故原因分析

事故根本原因为蒙古国冷空气扩散南下至河套地区，青藏高原到陕西上空西南暖湿气流发展，西北电网部分地区遭受恶劣雨雪天气影响，暴露出西北电网受自然灾害影响较大，发生大面积停电的可能是存在的问题。

3. 事故处理过程分析

网调调度员在多条 330kV 线路相继跳闸并重合成功，并了解网内相关厂站天气情况后，准确判断为恶劣天气引起的线路瞬时故障，及时要求有关单位加强设备巡检、做好随时启动紧急事故应急预案的准备工作，有效防止了事故扩大。

【案例八】靖远二厂“8·10”暴风雨天气引发火电机组跳闸

1. 事故综述

××年 8 月 10 日 18:25 左右，靖远第二发电有限公司所处白银市平川区天气突变，刮起大风，将附近的地膜塑料布吹挂到 7 号主变压器高压侧引线、8 号主变压器 B 相电压互感器套管及龙门架处。随后下暴雨，风雨交加。18:39、18:45，7、8 号发电机组电气保护相继正确动作、机组跳闸。18:25，靖远第二发电有限公司值长汇报：天气突变，刮大风并下暴雨，检查现场发现 7 号主变压器高压侧引线、8 号主变压器 B 相电压互感器套管及龙门架处挂有塑料布，已汇报公司专业负责人，并做相关事故预想。18:39，7 号发电机跳闸，汽机跳闸，锅炉 MFT 动作灭火，检查发变组保护柜，“发变组 A 相差流速断”“发变组 B 相差流速断”“发变组 C 相差流速断”等保护动作，6kV 厂用自投正常。18:45，8 号发电机跳闸，检查为发电机过激磁保护动作（原因为主变压器高压侧 B 相接地导致主变压器过激磁保护动作）。19:30，暴风雨停止，申请调度部门同意，拉开 7、8 号发电机出口 33716、33826 隔离开关，组织人员检查 7、8 号发电机变压器组及升压站 330kV 系统一、二次设备没有异常情况，并组织人员清理 7 号主变压器高压侧引线、8 号主变压器 B 相电压互感器套管及龙门架处塑料布。因 7 号机组计划 B 级检修，申请调度同意发电机不再并网恢复，8 号机组调度同意恢复启动。21:55，7 号主变压器高压侧引线、8 号主变压器 B 相电压互感器套管及龙门架处塑料布全部清理干净，8 号发变组及升压站 330kV 系统一、二次设备没有异常情况，申请调度同意，合上 8 号发电机出口 33826 隔离开关。

2. 事故原因分析

（1）7 号机组跳闸后，检查发现 7 号机发变组保护 A 柜主变压器差动速断保护 A、B、C 三相动作，由于差动保护高压侧电流进入保护后进行了星/角转换，从 7 号机发电机变压器组故障录波主变压器高压侧电流数据分析主变压器高压侧发生了 B、C 相短路。

（2）8 号机组跳闸后，检查 8 号机发电机变压器组保护 A 柜过励磁保护反时限动作解列灭磁，从 8 号机发电机变压器组故障录波器主变压器高压侧电流数据分析主变压器高压侧发生了 B、C 相经电阻接地短路。

（3）经过对保护动作情况分析及现场实际情况确认，7、8 号机组跳闸原因是天气突变，大风将附近的地膜塑料布吹挂到 7 号主变压器高压引线侧、8 号主变压器 B 相电压互感器套管及龙门架处，随后下暴雨，强烈的暴风雨使挂在设备上的地膜塑料布与母线发生接触、短路，发电机组电气保护相继正确动作，机组跳闸。

3. 事故处理过程分析

当恶劣天气发生后，电厂值班人员能够及时汇报网调，并做好相关事故预想。机组跳闸后，根据保护动作情况准确判断故障原因，为调度人员处理事故提供了有力支持。

【案例九】广东电网“12·25”联络线相继跳闸

1. 事故综述

事故前，广东电网主网统调出力6520MW，单厂容量大于12MW的非统调出力240MW，粤北电网通过三条220kV罗（洞）郭（塘）线、黄（浦）郭（塘）西安、清（远）红（星）线与主网联系，粤北地区总负荷805MW，从系统受电351MW。

18:26～18:41，韶关电厂9号机因3号轴瓦温度（高达77℃）超标，出力从180MW降至20MW，由于正在晚高峰期间，韶关9号机减出力，所以三条220kV线路北送功率急增，罗郭线电流达780A，超过额定值610A的27%，中调当值未及时察觉罗郭线过负荷，而该线两侧变电站值班员也没有报告。18:41:6，罗郭线A相接地（对树放电），两侧高频距离、方向保护动作A相跳闸，重合失败。18:44:5，黄郭线A相接地（对树放电），两侧保护动作A相跳闸，重合失败，黄郭线跳闸后，粤北电网仅靠220kV清红线与系统相连，韶关地区发生振荡，低频减负荷装置动作，切负荷90MW，中调下令韶关地调手动切负荷110MW，下令清远地调拉110kV清石、清七线负荷78MW，以缓解清红线过负荷。18:47:5～18:51:50，韶关电厂9、3、5号机相继解列、跳闸，清红线过负荷继续发展。此期间，中调曾令广州地调事故限电，因命令不够明确且受保供电等因素影响，迟迟未实现。18:56～19:02，长湖、南水、流溪河等电厂机组因过负荷又相继跳闸。19:03:34，清红线过负荷严重对树放电，清远侧高频闭锁保护动作、B相跳闸，0.41s后零序1段出口跳三相。至此，因功率缺额过大，最后导致粤北电网频率、电压崩溃。

2. 事故原因分析

事故起因是罗郭线过负荷，18号杆和19号杆A相导线弧垂增大，对下面的树木放电。事故扩大的原因是罗郭线过负荷后，黄郭线过负荷达到57%，弧垂增加，140号杆和141号杆间A相导线对树放电；随后引发粤北电网异步振荡，韶关电厂9、5、3、1、2号机相继解列，长湖、南水、流溪河机组随后解列，因安全自动装置和手动减负荷未跟上需要，导致最后维系粤北电网与主网联系的清红线也因过负荷，弧垂下降，106号杆和107号杆间B相导线对树放电。

3. 经验教训及防范措施

事故暴露出以下问题：

（1）线路无过负荷报警装置，两侧（罗洞、郭塘）值班员未及时报告过负荷，中调当值调度员未能及时发现罗郭线过负荷并及时予以处理。

（2）电网结构薄弱，当粤北机组减出力，出现南电北送的恶劣局面时，不能满足 $N-1$ 方式下安全、稳定运行的要求。

（3）继电保护定值管理有漏洞，事故前因红星站有工作，清红线清远侧零序Ⅱ段时间定值改小，工作结束后没有改回原定值，导致事故时清红线清远侧三相跳闸不重合。

（4）电网安全自动装置（如线路过负荷或跳闸联切负荷、线路振荡解列等）切负荷容量不足，未能迅速限制事故而导致扩大。

（5）事故拉电手段不足，没有制订出特殊情况下交给调度的拉电手段，制约了事故处理，部分地调在事故处理中对中调“事故拉电”命令执行不力。

应采取的防范措施：

（1）加强设备参数管理，准确提供参数。

（2）加强事故预想，针对不同系统薄弱环节重新编制事故紧急拉电序位表。

（3）重要线路安装过负荷报警装置，采用线路过负荷自动减负荷装置，防止线路过负荷。

（4）加强继电保护定值管理工作。

（5）加强调度岗位培训，提高事故处理能力。

【案例十】某供电公司调度误操作误出口跳闸事件

1. 事故综述

2002 年 3 月 21 日，某供电公司 220kV 舟阜变电站年度检修时，调度在未确认“110kV 故障解列装置停用”的情况下，发令执行“110kV 副母由运行改检修”操作任务，引起 110kV 故障解列装置误出口跳闸。

2002 年 3 月 21 日，220kV 舟阜变电站年度检修工作，涉及四个 110kV 变电站和一个 35kV 的负荷倒换操作（110kV 地宁、华元、长三、土择变电站和 35kV 北门变电站）。由于前一天夜里至第二天凌晨出现雷暴雨，实际工作延后。

值班调度员（夜班）6:50 起发布操作令，在 8:30 开始交接班，8:55 接班工作结束。此时北门、华元变电站已完成操作，长山变操作令已全部下达，其余倒负荷的操作均由白班当值人员接班后继续操作。

白班调度员××（当事人）发令土择变电站倒负荷操作。10:44 土择变电站全站负荷已转移到 110kV 升家变电站 35kV 升土 3561 线供电，舟阜集控站汇报操作完毕。

10:48 调度××继续下发 3 个正令给舟阜集控站：

1）土择变电站投入 1 号主变压器 35kV 复合序电压闭锁过流 1 段保护；

2）土择变电站停用 110kV 故障解列装置；

3）土择变航杜 1755 线路由运行改冷备用。

10:50，在未接到汇报操作结束的情况下调度××发给舟阜变电站正令："110kV 副母由运行改检修"。

10:56，集控站监控机上反映：土择变电站 110kV 故障解列低压Ⅰ段、Ⅱ段动作，10kV 东口 8081 等四路开关及土同 3543 开关跳闸，110kV 母线电压为零（舟阜变电站拉开了舟土 1755 开关），随即集控站与土择变现场联系，现场操作人员告知刚操作完第一个正令，第二个正令尚未开始操作，上述五路开关就已跳闸，集控站周××令其暂停操作。

2. 事故原因分析

（1）未能正确处理好安全与进度的关系，调度员在操作中只求速度而对系统安全问题考虑欠缺，当发出"停用土择变电站 110kV 故障解列装置"命令后，在未接到汇报操作结束的情况下，就下令舟阜变电站操作"110kV 副母由运行改检修"，严重违反调度操作规程。

（2）调度交接班后，对系统操作告一段落的操作任务和应注意事项交接不严，对倒负荷操作所涉及的解列装置在母线失压会造成误动的危害未引起足够的重视。

（3）电网系统大型操作监护工作不到位。

3. 防范措施

（1）严格执行调度操作规程，严格遵守发令、复诵、录音、监护、记录等制度，执行正令操作前后均应核对设备状态，汇报人汇报操作结束时，值班调度员只有在收到操作"结束时间"后，该项操作才算执行完毕。

（2）严格执行调度交接班制度，交接内容要全面、清楚，特别针对电网当前操作进程、故障异常、电网风险、重点关注事项等内容务必交代清楚、重点强调；接班人员接班后应对交接班内容再次核实，全面掌握电网运行和操作情况后方可开始工作。

（3）加强大型操作监护，针对大型操作分析倒闸操作可能存在的风险，并制定防范措施；严格执行倒闸操作监护制度，确保监护到位。

【案例十一】某电力调度通信中心带工作接地线线合闸误调度事件

1. 事故综述

2004 年 6 月 3 日，某电力调度通信中心调度员在线路改为热备用后，线路工作接地未拆除的情况下，发令合线路侧开关，导致线路侧开关带线路工作接地线合闸。

2004 年 5 月 31 日起，为满足公路施工要求，旺角 2248 线路停电。在旺角 2248 线路停电期间，旺庭电厂突然针对旺角 2248 线路厂内部分设备提出了工作申请，并经网调批准同意。

6 月 3 日，电力调度通信中心网调调度员未能严格执行有关开票、审票、操作等一系列规章制度，仅根据旺庭电厂的工作申请单，对旺角 2248 线进行了复役操作拟票，遗漏了旺角 2248 线路施工的工作申请单。有关调度员在审核旺角 2248 复役操作票时，也未经仔细核对和检查，即将操作票内容分别预发给旺庭电厂和 220kV 角三变电站。15:30 旺庭电厂汇报旺角 2248 工作结束，具备复役条件。调度员还是未能仔细进行核对和检查，且疏忽了调度模拟屏上旺角 2248 线路“有人工作”的警示标志。

在旺角 2248 线路热备用后，17:03 分发令合旺角 2248 线路旺庭侧开关，导致旺角 2248 线路旺庭侧开关带线路工作接地线合闸，幸未造成人员伤亡。

2. 事故原因分析

（1）调度员缺乏安全意识，未能严格执行有关开票、审票、操作等一系列规章制度，仅根据电厂的工作申请单，对旺角 2248 线进行了复役操作拟票，遗漏了旺角 2248 线路施工的工作申请单。

（2）有关调度员在审核旺角 2248 复役操作票时，也未经仔细核对和检查。

（3）复役旺角 2248 时，调度员未能仔细进行核对和检查，且疏忽了调度模拟屏上旺角 2248 线路“有人工作 " 的警示标志，即将操作票内容分别预发给电厂和 220kV 角三变电站。

（4）调度纪律松懈，开票、审票操作等一系列调度规章制度执行流于形式。

3. 防范措施

（1）严格执行调度操作规程，倒闸操作应严格执行拟票、审核等制度，拟写操作票应认真审核申请单，结合当前电网运行方式和检修工作等充分考虑对电网运行方式、潮流、频率、电压、电网稳定等方面的影响，并加强操作票审核，确保操作票正确性。

（2）倒闸操作前后均应认真核对和检查设备状态，特别是合闸送电前应核实各侧设备状态，杜绝带地刀（线）合闸等调度误操作事件。

（3）加强调度纪律，强化调度各项规章制度学习和宣贯，确保安全生产工作中各项制度要求执行到位。

第七章

班 组 安 全 管 理

第一节 日 常 安 全 管 理

一、安全目标

（1）各级调控机构以不发生负有人员责任的五级以上电网事件（事故）为基准，逐年制定安全生产目标。省级以上调控机构安全生产目标至少应包含以下内容：

1）不发生有人员责任的一般以上电网事故。

2）不发生有人员责任的一般以上设备事故。

3）不发生重伤以上人身事故。

4）不发生危害电网安全的电力监控系统网络安全事件。

5）不发生五级信息系统事件。

6）不发生调控生产场所火灾事故。

7）不发生影响公司安全生产记录的其他事故。

（2）省级以上调控机构内设专业处室（科室）以不发生负有人员责任的六级以上电网事件（事故）为基准，逐年制定专业安全生产目标。专业安全生产目标至少应包含以下内容：

1）不发生调控值班人员误调度、误操作、漏监视信息等事件。

2）不发生监控信息误接入、误定义、误分类等事件。

3）不发生发电计划、停电检修计划安排不当等事件。

4）不发生系统运行方式安排不合理、无功电压控制策略安排不当等事件。

5）不发生继电保护和安全自动装置配置不当、误整定等事件。

6）不发生调度自动化系统 SCADA 功能全部丧失等事件。

7）不发生危害电网安全的电力监控系统网络安全事件。

8）不发生因调度运行安排不当导致的水库水位运行异常事件。

（3）省级以下调控机构根据自身实际情况，参照省级以上调控机构的安全生产控制目标，逐年制定本级机构和内设专业科室（班组）安全生产控制目标。

二、安全责任制

（1）建立健全各级、各类人员安全生产责任制，调控机构行政正职作为安全第一责任人，对本级机构安全工作和安全目标负全面责任。

（2）调控机构行政副职对分管工作范围内的安全工作负领导责任，向行政正职负责。内设专业处室（科室、班组）专业负责人对本专业安全生产工作负责，接受本调控机构安全第一责任人和分管行政副职的领导。调控机构员工对本岗位安全生产工作负责。

（3）调控机构应逐级签订安全责任书，将安全责任分解落实到各层级、各专业、各岗位，确保安全责任落实到岗到人。

（4）安全责任书应按照两级安全生产控制目标要求，根据本岗位的安全职责制定，应具有针对性、层次性，实行多层级控制。

（5）安全责任书期限为一年，原则上应在每年一季度完成签订。人员岗位变动后，应重新签订安全责任书。

三、安全制度

（1）各级调控机构应严格执行国家、行业和上级主管部门颁发的安全生产法律、法规、技术标准、规章制度和反事故措施，及时组织宣贯学习，并根据自身实际制定相应的实施细则，确保安全要求可靠落地。

（2）调控机构应配备必要的法律、法规、技术标准、规章制度等文件。加强文件分级分类和目录管理，动态修编目录，及时更新文件，每年至少开展一次安全法律法规、技术标准、规章制度有效性检查活动。

（3）调控机构应在公司通用制度统一框架下，及时制定、动态修订电网运行及专业安全管理工作实施细则，确保实效性和可操作性。安全管理实施细则的补充、修订、复审和印发应严格履行相关审批程序。

（4）各级调控机构应每年对所辖电网调度控制规程进行一次复查，根据需要进行补充修订；每3～5年进行一次全面修订，在履行审批手续后印发执行。

四、安全教育

（1）各级调控机构应组织制定年度安全生产教育培训计划，定期开展培训，加强安全生产教育考核，确保所有员工具有适应岗位要求的安全知识和安全技能，增强事故预防和应急处理能力。

（2）调控机构安全生产教育培训内容包括但不限于《国家电网公司安全工作规定》《国家电网公司电力安全工作规程》《事故调规》《电力监控系统安全防护规定》《电网调控运行安全百问百查读本》《电网调控运行反违章指南》《电网调度安全风险辨识防范手册》等规程规定和安全读本，安全生产教育培训应结合调控运行特点和日常业务开展。

（3）调控机构新入职人员必须经过专业处室（科室、班组）安全生产教育、中心安全培训，在考试合格后方可进入专业处室（科室、班组）工作。安全生产教育培训的主要内容应包括电力安全生产法律法规、技术标准、规章制度及调控机构内部安全生产工作要求。

调控机构新上岗调控运行值班人员必须经专业培训并经考试合格后方可正式上岗，专业培训的主要形式包括发电厂和变电站现场实习、跟班实习、各专业轮岗学习、专业技术培训等。

（4）在岗生产人员安全培训要求如下：

1）调控机构应定期组织在岗人员的安全生产教育培训，对在岗人员开展有针对性的现场考问、技术问答、事故预想、反事故演习等培训工作；各专业处室（班组）负责本专业管理范围内安全生产教育培训工作的具体实施。

2）调控机构应加强在岗生产人员现场培训，熟悉现场设备及工作流程，调控运行、设备监控管理专业至少每年开展两次，其他专业至少每年开展一次。

3）离开调控运行岗位三个月及以上的调控人员，应重新熟悉设备和系统运行方式，并经安全规程及业务考试合格后，方可重新开展调控运行工作。

4）生产人员调换岗位，应当对其进行专门的安全生产教育培训，经考试合格后，方可上岗。

5）每年进行一次全员安全知识和安全规程制度考试，不及格的应限期补考，合格后方可重新上岗。

6）对违反安全规章制度造成事故、严重未遂事故的责任者，应停止其业务工作，学习有关安全规章制度，考试合格后方可重新上岗。

7）调控机构人员应学会自救互救方法、疏散和现场紧急情况处理方法，掌握触电现场急救方法，掌握消防器材的使用方法。

（5）调控机构应定期对调控业务联系对象进行培训，组织开展持证上岗考试。调控业务联系对象经培训合格并取得任职资格证书后方可上岗。

五、安全活动

（1）调控机构每年至少应开展两次以上安全日活动，安全日活动由安全第一责任人主持，中心安全员协助，全体员工参加。

调控机构安全活动记录主要内容如下：

1）传达上级有关安全生产指示。

2）学习事故通报及安全生产简报。

3）讨论、分析安全生产隐患及整改措施。

4）布置本专业安全生产工作。

5）其他与安全生产有关的工作。

（2）调控机构应每周召开一次安全生产例会，相关专业人员参加，协调解决安全工作存在的问题，安排布置下周安全工作任务和要求。班组主管领导每月至少参加一次班组安全活动，对安全活动进行检查指导。

（3）调控机构应定期召开季度安全分析会，会议由调控机构安全生产第一责任人主持，相关专业人员参加，会后应下发会议纪要。会议主要内容应至少包括：

1）组织学习有关安全生产的文件。

2）通报季度电网运行情况。

3）各专业根据电力电量平衡、电网运行方式变更、季节变化、水情变化、火电储煤变化、水电及新能源运行情况、网络安全情况、技术支持系统运行情况等，综合分析安全生产趋势和可能存在的风险。

4）根据安全生产趋势，针对电网运行存在的问题，研究应对事故的预防对策和措施。

5）总结事故教训，布置下季度安全生产重点工作。

六、安全检查

（1）调控机构应执行迎峰度夏（冬、汛）、节假日及特殊保电时期的安全检查制度，根据季节性特点、检修时段，每年至少组织一次调控系统安全专项检查。

（2）调控机构进行安全检查前，应结合当前的工作实际编制安全检查提纲，对检查出的问题要制订整改方案并督促落实。

（3）调控机构迎峰度夏（冬、汛）专项安全检查主要内容如下：

1）结合季节安全生产特点，以查管理、查规程制度执行情况、查隐患、查安全措施落实情况为重点，从电网运行管理、设备监控管理、二次设备管理（含安控、继电保护、调度自动化）、网源协调管理、应急预案制定以及演练、迎峰度夏（冬、汛）准备情况等方面开展检查工作。

2）检查直调发电厂（场、站）运行管理、设备维护、电煤供应、应急处置、电力监控系统安全防护等方面存在的问题和薄弱环节，重点检查影响电网安全运行的电厂公共环节（直流、母线、厂用电、电源）等。

（4）调控机构节假日及特殊保电等时期专项安全检查主要内容如下：

1）保电工作组织领导和工作制度执行情况。

2）保电工作方案、事故处置方案、电网应急预案及备调运行管理情况。

3）值班人员对节日方式和保电预案的熟悉程度，调控技术支持系统维护和管理情况，运行系统、设备和参数是否完好，电源系统、空调、消防设施、反恐安保、办公场所、值班安排是否正常等。

4）组织协调下级调控机构和运行单位保电工作进展情况。

（5）加强调控系统“两票”管理，各级调控机构应健全完善“两票”管理制度，定期对操作票和工作票进行统计、分析、评价和考核。

（6）加强调控系统反违章管理，各级调控机构应执行预防违章和查处违章的工作机制，开展违章自查、互查和稽查，采用违章曝光和业绩考核等手段，加大反违章力度，定期通报反违章情况，对违章现象进行点评和分析。

（7）调控机构应按照调控系统安全生产保障能力评估标准开展自查评工作，针对存在的问题制定整改计划，并对落实情况进行跟踪检查。

（8）调控机构应以 3～5 年为周期对下级调控机构开展安全生产保障能力评估，组织制定相关工作计划；下级调控机构应根据专家查评报告开展整改，按要求将整改计划报上级调控机构备案。

七、备调管理

（1）各级调控机构应加强备调运行管理，动态修订备调启用应急方案，明确组织体系、人员配置、技术支持及后勤保障等工作要求，规范备调启用的工作流程。

（2）备调所在地的调控机构负责备调场所的日常管理，备调场所应纳入所在单位生产场所安防体系，备调场所的消防工作应纳入所在单位消防工作统一管理和维护。备调场所应实行 24 小时保卫值班，非备调运行、维护、管理和保卫人员不得进入备调场所和备调席位工作。

（3）加强调控机构备调演练管理，每月至少组织一次专业演练，校验主、备调技术支持系统技术及管理资料的一致性、可用性；每季度组织一次备调短时转入应急工作模式的整体演练，对技术支持系统切换、人员快速集结的应急响应速度进行检验；每年组织一次调控指挥权向备调转移的综合演练，全面检验备调运行水平和主备调业务切换能力。

（4）备调值班人员经培训考试合格、取得任职资格后方可上岗。备调值班人员应每年定期到主调进行学习，参与主调调控值班，确保具备承担主调调控业务的能力。

（5）主备调调控技术支持系统应保持同步运行，并按照《电力监控系统安全防护规定》的要求建立完备的安全防护体系。主调运行值班和专业管理人员应基于备调系统常态化开展应用，确保核心业务可靠切换。

（6）调控机构应对备调可用情况进行季度评估、年度评估，对备调临时启用的实战情况进行总结评估，完善有关管理流程，不断提升备调管理水平。

第二节 日常安全监督

一、安全监督体系

各级调控机构建立安全监督网络，在调控机构内部建立中心、内设专业处室（科室、班组）两级安全监督体系。调控机构应设置专职安全员，各内设专业应设兼职安全员。

二、日常安全监督的主要内容

调控机构安全员应定期组织分析安全监督工作中存在的问题，提出改进意见及建议，并对整改落实情况进行监督检查。

1. 电网调度运行安全监督

（1）建立健全电网调度管理制度：

1）调度控制管理规程。

2）调度操作指令票管理制度。

3）调度系统反事故演习管理规定。

4）调控运行交接班管理规定。

（2）日常调度运行：

1）调度台应设置岗位标志，人员精神状态良好，无违反调度纪律的行为。

2）按要求开展安全活动并记录规范，活动记录应包含相关法律、规程、制度的学习以及有关事故、异常情况的学习总结。

3）调度录音装置应完好，在调度业务联系中应使用规范的调度术语。

4）按交接班制度规定进行交接班。

5）电网运行方式改变较大及电网较薄弱时，应编制应急处理预案，开展包括电网使用方等参加的反事故应急演练，并做到熟知事故预想或反事故预案。

6）做好所辖设备范围内的危险点辨识工作，制定并落实风险控制措施。

（3）调度倒闸操作：

1）在操作前应熟悉当前系统运行方式、设备检修情况以及其他注意事项。

2）依据停役申请书或其他停电申请，正确拟定调度指令票并下发至相关操作单位，做好操作前准备。

3）按调度指令票发令操作，操作中执行监护、复诵、录音制度。

4）核对申请检修设备在停电范围内。

5）根据检修申请及运维人员操作汇报履行工作许可或复役。

6）对于每项重要停复役操作，应事先组织危险点辨识、分析并制定预控措施。

（4）事故异常处理：

1）发生事故（异常）时，应快速收集电网相关信息，按照事故处理流程及时汇报上级调度和相关领导。

2）按电网事故处理程序，迅速隔离故障设备，有效控制事故扩大。

3）在设备发生故障、系统出现异常等紧急情况下，应根据实际情况发令遥控拉合断路器，完成故障隔离和系统紧急控制。

4）及时调整电网运行方式，尽速对已停电的用户恢复供电，对重要用户应优先恢复送电。

5）通知相关部门开展事故抢修，事故处理完毕后及时提交报告。

2. 电网监控运行安全监督

（1）建立健全电网监控运行管理制度：

1）调度控制管理规程。

2）调控机构设备集中监视管理规定。

3）调控机构设备监控信息处置管理规定。

4）调控机构调控运行交接班管理规定。

5）调控机构设备监控远方操作管理规定。

（2）日常监控运行：

1）监控台应设置岗位标志，人员精神状态良好，无违反监控纪律的行为。

2）正确执行各级调度指令（或指令票），无违反调度指令的行为。

3）监控录音装置应完好，在业务联系中应使用规范的调度术语。

4）按交接班制度规定进行交接班。

5）按照监控范围实时监视事故、异常、越限、变位四类告警信息及输变电设备状态在线监测告警信息，确保不漏监信息，对各类告警信息按监控信息处置管理规定要求及时处置并做好记录。

6）每班定期进行全面巡视工作，对监控变电站运行工况、线路潮流、母线电压、站用电系统、告警信号等进行检查，并做好记录。在恶劣天气、特殊运行方式、重要保供电等特殊情况下，按相关要求对重点监视范围、重负荷元件、缺陷设备等进行特殊巡视，增加监视频度。

7）电网运行方式改变较大及电网较薄弱时，监控人员应熟知事故预想或反事故预案。

8）定期开展监控运行分析，总结监控设备运行情况。

9）各类监控记录齐全、规范。

（3）监控远方操作：

1）当值操作前，应明确操作目的和操作顺序，做好危险点分析和预控。

2）接受调度指令用语规范并录音，如有疑问，应向发令人询问清楚。

3）监控远方操作前应核对监控系统相关变电站一次系统图，确认操作任务是否符合当前设备状态，检查监控系统上无影响该间隔操作的一、二次异常信号。

4）监控远方操作应在间隔图上进行，严格调控权限管理，加强用户名和密码管理，应采用双人双机监护功能。

5）监控远方操作实行监护制度，操作时必须严格执行唱票、复诵、监护、记录等制度。

6）监控远方操作前后应按规定通知相关人员，变电运维人员在监控远方操作时不得对该设备及其相关设备进行操作。

7）监控远方操作时应选择正确的操作设备，待监控系统返校信息核对无误后，方可执行远方操作。

8）操作时，若发现电网或现场设备发生事故及异常，影响操作安全时，监控员应立即终止操作并汇报调控人员，必要时通知运维单位。若监控系统遥控失灵，监控员应停止操作并汇报调控人员，通知相关人员处理。

9）远方操作完毕后，应核对潮流、变位等各种遥信、遥测信息，并做好记录。如对操作结果有疑问，应查明原因，必要时通知运维人员核对设备状态。

10）执行同一个远方操作任务，中途不准换人。操作过程中不能接、打与操作无关的电话，操作人不得有任何未经监护人同意的操作行为。

（4）检修、联调配合：

1）设备停役后核对信号和方式，在一次系统图中检修设备上设置检修标识牌，并做好记录。设备准备复役前，及时清除检修标识牌，核对信号和方式，并做好记录。

2）配合运维单位做好有上送信号的设备消缺工作，消缺工作结束时进行相应验收，核对各异常信号确已复归。

3）参加设备联调验收工作，严格按照方案实施联调验收工作，发现问题及时反馈并做好记录。

（5）事故异常处理：

1）事故发生时，应准确、迅速处理，防止事故范围扩大。

2）发现事故异常告警信息后，应迅速收集相关信息，按照规程、流程进行处理并及时通知运维单位、汇报各级调度和相关领导。输变电设备状态在线监测告警信息还需及时通知相应技术支持单位。

3）事故异常告警信息定性为缺陷的，应按照缺陷流程进行处置，并做好记录。

4）在处理系统事故时，值班监控员应服从各级值班调控人员的指挥，根据调度指令迅速进行事故处理，执行远方操作，并做好恢复送电准备。

5）事故异常处置结束后，应与运维人员进行信息、状态核对，并做好记录。按相关规定开展专项分析，形成分析报告。

（6）监控职责移交：

1）在恶劣天气下或因设备原因等监控员不能对设备实行有效监控时，应及时向现场运维人员移交监控职责，明确需移交的监控设备范围、起止时间，核对设备信息，同时汇报相关调度并做好记录。

2）值班监控员确认监控功能恢复正常后，应及时通过录音电话与运检人员重新核对变电站运行方式、监控信息和监控职责移交期间故障处理等情况，收回监控职责，并做好相关记录。收回监控职责后，值班监控员应将移交情况向相关调度进行汇报。

3）新、扩、改建变电站及间隔应按要求开展集中监控职责移交工作。

3. 电网调度运行方式管理安全监督

（1）建立健全方式计划管理制度：

1）电网发供电设备停复役管理制度。

2）电网发供电设备日检修计划管理制度。

3）电网无功及电压管理制度。

4）电网负荷预测管理制度。

5）电网运行风险预警管理制度。

（2）停役申请管理：

1）设备停役申请受理要求：① 对照月度检修计划确认该项工作属于计划检修；② 检查该项工作有无配合工作，提交的相互关联设备停役申请有几份；③ 检查配合工作内容能满足主要工作的按期恢复；④ 检查所处工作地点的设备属于该申请单位管辖；⑤ 检查该项工作的地点正确、内容未超计划；⑥ 该项设备的申请停役工作时间与将要复役的设备或延期复役的设备在时间上配合合理；⑦ 停役申请单按规定填报，票面合格。

2）安全措施审核：① 不同检修模式安排下的运行方式满足系统要求。② 综合性工作时，检查多份设备停役申请书的时间、安全措施以及分阶段许可、终结、设备停复役等各环节之间的配合。

3）设备停役申请批复：① 检修申请管理流程符合调度规程规定。② 设备停役申请书上报和运行方式安排批复应抓住重点，即包括天气情况、雷季运行方式要求、限额问题、系统稳定、保护配置、变电与线路配合、停复役申请单运行方式安排、检修点控制及操作量控制、检修设备对电网影响、检修方式下危险点分析与预控等。③ 检查批复流程有无漏项，检修申请经过运方、继保等专业人员签署意见并经领导批准。④ 检查批复时间及有关要求及时通知申请单位。

4. 电网运行风险管理

（1）建立年、月、周电网运行风险评估机制。

（2）年度分析。开展年度电网运行风险分析，加强年度综合停电计划协调，在编制年度运行方式报告中应包括次年电网运行安全风险分析结果。

（3）月度分析。加强月度停电计划协调，牵头组织分析下月电网设备计划停电带来的安全风险，梳理达到预警条件的停电项目，制定月度预警发布计划，并发到相关责任部门审核。

（4）周分析。

1）根据周停电安排和电网运行情况，动态开展电网运行风险评估，做好风险预警发布准备工作。

2）根据风险评估结果和预警条件，编制并发布风险预警通知单，预警通知单应包括停电设备、计划安排、风险分析、预控措施要求等内容，预控措施应明确电网设备、巡视维护、现场看护、有序用电等重点内容。

5. 年度运行方式管理

（1）收集上级调度下达的年度运行方式资料。

（2）保证年度运行方式资料收集的完整性及准确性。

（3）年度运行方式和特殊方式编制过程按规定和上级要求进行潮流、短路、安全稳定及无功电压的计算分析，对于存在的问题按隐患排查流程进行管理。

（4）地区电网运行方式与主网运行方式相适应，地区电网运行方式改变影响系统设备运行或电能质量、负荷计算变化，与主系统方式不适应时，事先取得上级调度部门同意。

6. 新设备启动

（1）制定新设备投产计划，确保新设备投产安全有序。

（2）制定新设备调度命名，编制新设备投产（试验）调度启动方案。

（3）与直接调度用户签订《并网调度协议》。

（4）落实退役调度安全管理，监督相关部门履行调度设备退役手续。

7. 日常技术管理

（1）调度范围划分明确，有经批准的书面依据。

（2）电网主设备参数齐全并与实际相符。

（3）每年按时制定事故限电序位表。

（4）每年按时制定并发文下达电网低频减负荷方案。

（5）有无雷季运行方式，电网运行满足雷季运行方式要求。

（6）涉及上级电网的正常运行方式或与上级电网设备分界点正常运行方式上报上级调度备案制度。系统重大运行方式改变或重要主设备停役取得上级调度同意。

（7）做好定期或特殊负荷情况下的电网安全自动装置的运行分析，当自动装置不适时及时提出调整策略。

（8）参与电网使用方（包括新建、改建和扩建）接入系统（含涉网二次系统）的可研、初设和设计审查，并提出要求。

附录A 单电源配网分支线调度操作票范本

一、配网分支线倒闸操作模式

配网分支线（支线）倒闸操作原则上采用“操作许可”模式。人员配置、技术支持等方面条件充足的县（配）调度机构可采用“操作指令”模式。

本附录所列操作票范本省略的工作内容、拟票人、审核人、拟票日期、执行日期等内容应填写完整，工作负责人/工作许可人应根据停复役申请填写完整。

1. 操作许可模式下单电源配网分支线典型调度操作票范本

（1）操作设备为柱上开关（隔离开关、跌落式熔断器）。

1）不涉及新设备投运与整定值更改的工作典型调度操作票。

序号	受令单位	操作内容
1	××	许可：××开关改为冷备用或拉开××闸刀（跌落式熔断器）
2	××	××开关冷备用状态或××闸刀（跌落式熔断器）拉开状态移交现场
3	××	汇报：××工作结束，具备送电条件，申请送电，××开关冷备用状态或××闸刀（跌落式熔断器）拉开状态交还调度
4	××	许可：××开关改为运行或合上××闸刀（跌落式熔断器）

2）涉及新设备投运或整定值更改的工作典型调度操作票。

序号	受令单位	操作内容
1	××	许可：××开关改为冷备用或拉开××闸刀（跌落式熔断器）
2	××	××开关冷备用状态或××闸刀（跌落式熔断器）拉开状态移交现场
3	××	汇报：××工作结束，具备送电条件，申请送电，××开关冷备用状态或××闸刀（跌落式熔断器）拉开状态交还调度
4	××	新设备报投，命名、更名、除名，已按××定值单进行整定（报投、命名、更名、除名、整定工作自动转人工处理）
5	××	根据启动方案，参照术语范例，逐条填写
6	××	许可核对相序工作（核相工作自动转人工处理）

（2）操作设备为开关站（环网单元）内设备。

1）不涉及新设备投运与整定值更改的工作典型调度操作票。

序号	受令单位	操作内容
1	××	许可：××开关站××线改为冷备用/线路检修
2	××	××开关站××线线路检修状态移交现场
3	××	汇报：××工作结束，具备送电条件，申请送电，××开关站××线线路检修状态交还调度
4	××	许可：××开关站××线改为运行

注 许可操作设备的中间状态由现场操作人员做好安全管控。

2）涉及新设备投运或整定值更改的工作典型调度操作票。

序号	受令单位	操作内容
1	××	许可：××开关站××线改为冷备用/线路检修
2	××	××开关站××线线路检修状态移交现场
3	××	汇报：××工作结束，具备送电条件，申请送电，××开关站××线线路检修状态交还调度
4	××	新设备报投，命名、更名、除名，已按××定值单进行整定（报投、命名、更名、除名、整定工作自动转人工处理）
5	××	根据启动方案，参照术语范例，逐条填写
6	××	许可核对相序工作（核相工作自动转人工处理）

注 许可操作设备的中间状态由现场操作人员做好安全管控。

2. 操作指令模式下单电源配网分支线典型调度操作票范本

（1）操作设备为柱上开关（隔离开关、跌落式熔断器）。

1）不涉及新设备投运与整定值更改的工作典型调度操作票。

序号	受令单位	操作内容
1	××	××开关由运行改为冷备用或拉开××开关（闸刀、跌落式熔断器）
2	××	许可：××工作开始
3	××	汇报：××工作结束，现场人员撤离，自做安全措施拆除，相位未变，具备送电条件，申请送电
4	××	××开关由冷备用改为运行或合上××开关（闸刀、跌落式熔断器）

2）涉及新设备投运或整定值更改的工作典型调度操作票。

序号	受令单位	操作内容
1	××	××开关由运行改为冷备用或拉开××开关（闸刀、跌落式熔断器）
2	××	许可：××工作开始
3	××	汇报：××工作结束，现场人员撤离，自做安全措施拆除，相位未变，具备送电条件，申请送电
4	××	新设备报投，命名、更名、除名，已按××定值单进行整定（报投、命名、更名、除名、整定工作自动转人工处理）
5	××	根据启动方案，参照术语范例，逐条填写
6	××	许可核对相序工作（核相工作自动转人工处理）

（2）操作设备为开关站（环网单元）内设备。

1）不涉及新设备投运与整定值更改的工作典型调度操作票。

序号	受令单位	操作内容
1	××	××开关站××线由运行改为冷（热）备用
2	××	××开关站××线由冷（热）备用改为线路检修
3	××	许可：××工作开始
4	××	汇报：××工作结束，现场人员撤离，自做安全措施拆除，相位未变，具备送电条件，申请送电
5	××	××开关站××线由线路检修改为冷（热）备用
6	××	××开关站××线由冷（热）备用改为运行

2）涉及新设备投运或整定值更改的工作典型调度操作票。

序号	受令单位	操作内容
1	××	××开关站××线由运行改为冷（热）备用
2	××	××开关站××线由冷（热）备用改为线路检修
3	××	许可：××工作开始
4	××	汇报：××工作结束，现场人员撤离，自做安全措施拆除，相位未变，具备送电条件，申请送电
5	××	新设备报投，命名、更名、除名，已按××定值单进行整定（报投、命名、更名、除名、整定工作自动转人工处理）
6	××	根据启动方案，参照本文第 2 章所列术语范例，逐条填写
7	××	许可核对相序工作（核相工作自动转人工处理）

二、配网分支线典型操作任务形式

1. 操作许可模式

（1）柱上开关典型操作任务形式：

1）许可：××开关改为冷备用。

2）许可：××开关改为运行。

3）许可：拉开××开关。

4）许可：合上××开关。

备注：① 柱上开关因无固定接地闸刀，且无法有效辨别电源侧或负荷侧，故不具备“检修”状态；② 开关冷备用状态仅适用于带隔离开关的断路器；未装设隔离开关的断路器不具备“冷备用”状态，一般采用“许可：拉开××开关”“许可：合上××开关”的形式。

（2）跌落式熔断器（闸刀）典型操作任务形式：

1）许可：拉开××跌落式熔断器（闸刀）。

2）许可：合上××跌落式熔断器（闸刀）。

（3）开关站（环网单元）典型操作任务形式：

1）许可：××开关站（环网单元）××线改为热备用。

2）许可：××开关站（环网单元）××线改为冷备用。

3）许可：××开关站（环网单元）××线改为线路检修/开关及线路检修。

4）许可：××开关站（环网单元）××线改为运行。

备注：① 部分具备遥控功能的断路器还具备“运行非自动”和“热备用非自动”状态；② 部分开关站（环网单元）间隔只有断路器没有隔离开关，故没有冷备用状态。

2. 操作指令模式

（1）柱上开关典型操作任务形式：

1）××开关由运行改为冷备用。

2）××开关由冷备用改为运行。

3）拉开××开关。

4）合上××开关。

备注：① 柱上开关因无固定接地闸刀，且无法有效辨别电源侧或负荷侧，故不具备“检修”状态；② 开关冷备用状态仅适用于带隔离开关的断路器；

未装设隔离开关的断路器不具备“冷备用”状态，一般采用“拉开××开关”“合上××开关”的指令形式。

（2）跌落式熔断器（闸刀）典型操作任务形式：

1）拉开××跌落式熔断器（闸刀）。

2）合上××跌落式熔断器（闸刀）。

（3）开关站（环网单元）典型操作任务形式：

1）××开关站（环网单元）××线由运行改为热（冷）备用。

2）××开关站（环网单元）××线由热（冷）备用改为运行。

3）××开关站（环网单元）××线由热（冷）备用改为线路检修/开关及线路检修。

4）××开关站（环网单元）××线由线路检修/开关及线路检修改为热（冷）备用。

备注：① 部分具备遥控功能的断路器还具备“运行非自动”和“热备用非自动”状态；② 部分开关站（环网单元）间隔只有断路器没有隔离开关，故没有冷备用状态。

附录B　作业现场处置方案范例

【方案一】调控中心（调度室）地震灾害现场处置方案

一、工作场所

××电力公司调控中心大楼。

二、事件特征

人员感到眩晕，站立困难；调度大楼摇晃，屋内物品晃动或倒落；严重时调度大楼开裂损坏，人员伤亡。

三、应急组织形式及职责

1. 当值值长

（1）组织人员紧急避震及震后电网的调度运行工作。

（2）组织收集灾情信息，向上级调度及部门领导汇报。

2. 当值调控人员

（1）紧急避震，开展自救互救。

（2）收集灾情信息，调整电网运行方式，恢复电力供应。

四、应急处置措施

1. 现场应具备条件

（1）备用调度系统、手提电脑及调度运行资料。

（2）通信工具及有关通信录。

（3）移动应急照明设备。

（4）急救箱及药品。

（5）有条件时配备避难舱。

2. 现场应急处置程序

（1）当值人员紧急避震，开展自救互救。

（2）了解地震信息，收集灾害情况。

（3）汇报上级调度及部门领导。

（4）震后电网指挥及恢复。

3. 现场应急处置措施

（1）感知地震时，现场人员应立即采取防护措施避险。发生人身伤亡时，应积极开展现场救护，并请求支援。

（2）检查调度系统运行状况及通信状况，了解地震信息，收集电网灾害情况。

（3）向上级调度汇报电网灾害情况、电网运行情况、调控人员的状态及人身伤亡情况。

（4）向部门领导汇报电网运行情况、电网运行情况、调控人员的状态及人身伤亡情况，争取援助。

（5）通知备用调度做好调度指挥权接替准备。

（6）及时调整电网运行方式，最大限度地恢复电力供应。

（7）调控中心不具备调度能力时，通知备用调度，移交调度指挥权。

（8）如无法启动备用调度，则转移至安全地点，利用现有的办公设备、调度运行资料、通信装备指挥电网运行和事故恢复处理。

五、注意事项

（1）感知地震时，全体值班人员应运用平时学到的地震逃生知识，紧急避险。

（2）发生地震后，要通过网络、地震局电话等主动了解地震信息，预判电网灾害情况。

（3）震后重点保障及优先恢复抗震指挥部门、医疗救护机构、通信等重要用户供电。

【方案二】调控中心（调度室）火灾事故现场处置方案

一、工作场所

××电力公司调控中心大楼。

二、事件特征

办公大楼发生火灾，产生高温有害气体，造成人身烧伤、中毒、窒息和设备损坏，导致人身伤亡和财产损失。

三、应急组织形式及职责

1. 火情发现人

（1）发现火情立即报警，并通知火灾区域所有人员。

（2）抢救伤员。

（3）疏散火灾区域人员。

（4）在火灾初期参与灭火工作。

2. 火灾区域人员

（1）及时向大楼消防管理负责人汇报火情。

（2）组织抢救伤员。

（3）在火灾初期组织灭火工作。

（4）组织疏散火灾区域人员。

（5）采取措施，隔离火灾区域。

（6）在保证人员安全的情况下抢救重要档案资料。

3. 其他工作人员

听从指挥，协助抢救伤员、疏散人员。

四、应急处置措施

1. 现场应具备条件

（1）自动灭火装置、火灾自动报警系统。

（2）灭火器、消防栓、消防水带、疏散标志、应急照明灯等消防设施设备。

（3）防毒面具、急救箱及药品等防护用品。

2. 现场应急处置程序

（1）查看火情。

（2）向消防值班室、公安机关消防部门报警，向办公楼消防管理责任人汇报。

（3）抢救伤员。

（4）组织人员灭火。

（5）疏散人员。

3. 现场应急处置措施

（1）发现火情，迅速查看着火部位及火势。

（2）立即启动火灾自动报警系统，大声呼叫，通知全部火灾区域人员；及时汇报办公楼消防值班人员；拨打119向公安消防部门报警，请求救援。报警内容：单位名称、地址、着火物质、火势大小、着火范围、报警人电话号码和姓名。

（3）发现火灾后，火灾区域人员尽快戴好防毒面具。

（4）发现有人烧伤，立即转移至楼下安全地带，用干净纱布覆盖烧伤面，防止被污染。发现有人吸入有害气体中毒，立即转移至通风良好处休息，已昏迷伤员应保持气道通畅，呼吸心跳停止者，按心肺复苏法抢救。尽快把伤员送往医院救治或拨打 120 求援。

（5）在火灾初期，可组织火灾区域人员用灭火器灭火。

（6）安排专人在楼梯口指挥，沿办公楼步行梯有序疏散，严禁搭乘电梯。

（7）根据现场实际情况采取关闭防火门等措施隔离火区，防止火势快速蔓延。

五、注意事项

（1）没有防毒面具的人员，可用湿毛巾、湿衣服捂住口鼻弯腰迅速撤离火灾区域。

（2）未经医务人员同意，灼伤部位不宜敷搽任何东西和药物。

（3）火灾初期，在保证人员安全的情况下，才能组织人员灭火，把重要档案资料抢救至安全区域。火势较大时，所有非消防专业人员必须撤离现场。

（4）疏散时要有序撤离，防止发生人员踩踏事件。

【方案三】应对母线故障现场应急处置方案

一、工作场所

××电力公司变电站。

二、事件特征

母线故障的影响范围较大，使接在该母线上的所有负荷均失去，可能会导致大面积停电事故。

三、应急组织形式及职责

1. 值班负责人

（1）组织指挥现场处置。

（2）尽可能保障人员、设备安全。

（3）汇报事故情况。

2. 值班人员

（1）开展现场处置。

（2）收集事故信息。

四、应急处置措施

1. 抢修现场所需物件

（1）应急通信工具及上级电话号码。

（2）应急照明设备。

（3）急救箱。

2. 现场应急处置程序

（1）故障发生后，值班负责人应根据各方面信息进行初步判断分析，并立即安排人员到事故现场进行处置。

（2）对停电母线和保护动作信号进行检查，并把检查结果汇报调度。

（3）按下列原则进行处理：

1）找到故障点并能迅速隔离的，在隔离故障后对停电母线恢复送电。

2）找到故障点但不能很快隔离的，若系双母线中的一组母线故障时，应迅速对故障母线上的各元件检查，确无故障后，冷倒至运行母线并恢复送电，对联络线要防止非同期合闸。

3）经外部检查找不到故障点时，应用外来电源对故障母线进行试送电。

4）如只能用本站电源送电时，试送时，试送断路器必须完好，并将该断路器有关保护时间定值改小，具有速断保护后进行试送。

（4）向分管领导汇报灾情信息。

五、注意事项

（1）用一切可能的方法保持正常设备运行，首先保证变电站站用电。

（2）现场人员要注意自身安全，正确使用安全工器具。

（3）事件处置过程中，应严格遵守现场运行规程，严格执行“两票三制”（工作票、操作票；交接班制、巡回检查制、设备定期试验轮换制）。